# BIM 技术
## 在江苏医院建设中的应用

许云松　任　凯　主编

U0396357

东南大学出版社
SOUTHEAST UNIVERSITY PRESS
·南京·

**图书在版编目（CIP）数据**

BIM 技术在江苏医院建设中的应用 / 许云松，任凯主编. — 南京：东南大学出版社，2019.11

ISBN 978 - 7 - 5641 - 8642 - 5

Ⅰ. ①B… Ⅱ. ①许… ②任… Ⅲ. ①医院-建筑设计-计算机辅助设计-应用软件-研究 Ⅳ. ①TU246.1 - 39

中国版本图书馆 CIP 数据核字（2019）第 251280 号

**BIM 技术在江苏医院建设中的应用**

| | |
|---|---|
| 出版发行 | 东南大学出版社 |
| 出 版 人 | 江建中 |
| 社　　址 | 南京市四牌楼 2 号 |
| 邮　　编 | 210096 |
| 网　　址 | www.seupress.com |
| 责任编辑 | 陈潇潇 |
| 经　　销 | 新华书店 |
| 印　　刷 | 江阴金马印刷有限公司 |
| 开　　本 | 787 mm×1092 mm　1/16 |
| 印　　张 | 15.25 |
| 字　　数 | 390 千字 |
| 版　　次 | 2019 年 11 月第 1 版 |
| 印　　次 | 2019 年 11 月第 1 次印刷 |
| 书　　号 | ISBN 978 - 7 - 5641 - 8642 - 5 |
| 定　　价 | 108.00 元 |

\* 本社图书若有印装质量问题，请直接与营销部联系，电话：025－83791830。

# 编委会

总 策 划　朱亚东

总 顾 问　冯　丁

技术支持　周　佶　黄文胜

主　　编　许云松　任　凯

统　　筹　张小华　杨园霞

编者名单（按姓氏笔画排序）

| | | | | | |
|---|---|---|---|---|---|
| 马英虎 | 马　静 | 王　刚 | 王伟航 | 王振宇 | 王　斐 |
| 王　翔 | 付文龙 | 冯培兵 | 朱永涛 | 朱敏生 | 伊　澎 |
| 华　锴 | 刘长青 | 刘　民 | 刘昌华 | 刘　莹 | 刘鹏飞 |
| 齐玉军 | 许　明 | 纪　蓉 | 孙梦姣 | 严　楠 | 李少华 |
| 李月明 | 李　伟 | 李　维 | 李　瑾 | 李　磊 | 杨朋辉 |
| 杨　鑫 | 吴　瀚 | 张才军 | 张文琦 | 张玉彬 | 张全民 |
| 张　涛 | 张　霄 | 陆春锋 | 武　敏 | 苗　佩 | 周　文 |
| 周江华 | 周　珏 | 周婧祎 | 郑　炎 | 赵奕华 | 施骁玮 |
| 姜春晓 | 洪　文 | 宣　荣 | 姚　超 | 袁晓冬 | 耿海艳 |
| 夏子钧 | 夏永泉 | 原慧生 | 顾传军 | 徐　丹 | 徐廉政 |
| 郭艮俊 | 黄伟涛 | 戚永刚 | 龚延风 | 储元明 | 潘　虎 |

# 序

　　建筑信息模型（Building Information Modeling，BIM）的推广，推动了建筑行业信息技术的深入运用，也为解决医院建筑专业繁多、配套复杂的问题提供了优化工具。

　　BIM 模型包含着建筑物的几何信息、物理信息、规则信息等，还可以提供建筑物变化后的实际信息；值得重视的是，建筑设计、施工、管理的诸多信息，经过分析、继承和挖掘，为建筑物运行维护提供了强大支撑，实现了建筑物全生命周期的信息共享。

　　医院建筑是公共建筑中配套最为复杂的组合形式。随着现代医学模式的变化，医院建筑的形式发生了重要转变。

　　在"以患者为中心"的理念推动下，医院建筑的模块化形态相互嵌合，界面要素表达蕴含更多的空间、时间、流线信息，考验着医院建筑物的空间承载和平面布局的合理性。

　　高科技的医疗设备的飞速发展，对医院建筑的可塑性提出了要求，医疗设备更多的精准需求对医院建筑的配套要求更为苛刻，前瞻性的医院建筑 3D 空间、精准尺度、环境关联等信息，影响着医疗技术的引入和医疗技术的拓展。

　　随着医疗信息的爆炸性存储和运用，医院建筑的信息被更为迫切地整合和共享，医院设计需要专业信息汇集，医院建设需要专业信息指导，医院评价需要专业信息验证，医院运行需要专业信息保障。

在医院建筑被赋予更高要求的时候，具有可视化、协调性、模拟性、优化性特点的 BIM 技术显得尤为重要，作为医院建造和医院运维的绝佳抓手，BIM 既可以数字表达医院建筑的物理和功能信息；也可以实现医院建筑的全生命周期的信息共享；更可以在医院建筑生命的不同阶段，通过在 BIM 中插入、提取、更新、修改信息，支持医院建筑维护和改造的协同作业。 以 BIM 技术进行医院建造，将设计、建造、管理的所有信息汇集，为医疗建筑的运维提供了强有力的支持，应运而生的医院运维系统将展现更好的前景。

江苏医院建设较早地引入 BIM 技术，从不同的方面尝试使用 BIM 指导建筑设计、施工、管理、运维的改进，取得了良好的成效。 本书通过对收集的多个案例进行分析，总结了 BIM 技术运用在医院建设中的优势，希望给今后的医院建设提供借鉴与指导，是一个非常好的实践和探索。 书中由专家撰写的 BIM 技术解析和 BIM 实施标准的专业指引，具有清晰明确的指导意义。 各个案例的实施，由不同的医院撰写，按照 BIM 在建筑设计、施工、运维的顺序编排，尽管撰写者有不同的专业背景，但在编写过程中，依据标准和专业术语，分享了在应用案例中的经验，是实践过程的忠实描述，值得同行阅读和体会。 编委会希望用抛砖引玉的方式，让专业人员通过高水准的专业知识，用以指导医院建筑的建造、管理和全生命周期的建筑信息共享。

医院建设运用 BIM 系统生产出精准的模型，更是利用数字模型进行医院建筑设计、施工、运维管理的过程，其核心是医院建筑的重要资源——医院建筑信息。医院建筑模型的专业信息涵盖了建筑、结构、机电、热工、声学、材料、价格、采购、规范、标准等多个范畴，最有特色的则是医院特有的医疗工艺、医院流线、医疗专项、医院感控、医疗设备、医院安全等信息要素，医院建设信息的专业族库呼之欲出！医院建筑的 BIM 系统应用是医院走向智慧建造的途径。BIM 系统在医院建造中的应用，可以在方案比选、机电深化、虚拟体验、医疗专项集成、医疗专业族库建设等方面切入，结合施工管理组织、建筑造价控制等应用，逐步实现医院建造过程与后续运维改造的全周期应用。BIM 系统应用在智慧建造中，模型信息的精度和维度、模型信息的属性、模型信息的详细等级、模型信息创建方式、模型信息的管理和使用等关键因素值得关注。BIM 技术在医院建设中，会和医院信息技术、物联网技术、机器人等人工智能技术紧密结合，实现医院智慧建造的飞跃发展。

**2019** 年 **8** 月

BIM技术在江苏医院建设中的应用

# 目录

# 第一章
# BIM技术解析

## 1 BIM 基本知识

### 1.1 BIM 的概念

BIM 全称为 Building Information Modeling,其中文含义为"建筑信息模型",这一概念于 21 世纪初期提出。BIM 是以三维数字技术为基础,集成了各种相关信息的工程数据模型,可以为设计、施工和运营提供相协调的、与内部保持一致的,并可进行分析运算的信息。

### 1.2 BIM 的基本特征

#### 1.2.1 可视化(visualization)

可视化即"所见所得"的形式,对于建筑行业来说,可视化真正运用在建筑业中起到的作用是非常大的,常规的施工图纸只是各个构件信息在图纸上利用线条绘制方式的一种表达。但是,其真正的构造形式就需要施工人员自行想象了。对于一般简单的事物来说,这种想象未尝不可,但是近几年建筑业的建筑形式各异,复杂造型不断地被推出,那么这种光靠人脑去想象的东西就未免有点不太现实了。BIM 提供了可视化的思路,将以往的线条式表达方式转变为三维立体实物图形展示在人们面前。过去,建筑业也有由设计人员出效果图的表现方式,但是这种效果图往往是分包给专业的效果图制作团队识读设计图,根据二维设计图的线条式信息制作出来的,并不是通过构件的信息自动生成的。这种方式建立的模型缺少了同构件之间的互动性和反馈性。而 BIM 技术使用的可视化技术,则是一种能够同构件之间形成互动性和反馈性的可视化表达方法。在 BIM 建筑信息模型中,由于整个过程都是可视化的,所以可视化的结果不仅可以用作效果图的展示及报表的生成,更重要的是,项目设计、建造、运营过程中的沟通、讨论、决策都得在可视化的状态下进行。

### 1.2.2　协调性（coordination）

协调性是建筑业中的重点内容，不管是施工单位还是业主及设计单位，无不在做着协调及相互配合的工作。一旦项目的实施过程中遇到了问题，就要将各有关人士组织起来开协调会，找各个施工问题发生的原因及解决办法，然后做出变更，进行相应补救措施等。那么这个问题的协调真的就只能在出现问题后再进行协调吗？在设计时，往往由于各专业设计师之间的沟通不到位，而出现各种专业之间的碰撞问题，例如暖通等专业中的管道在进行布置时，由于施工图是绘制在各自的施工图纸上的，真正施工过程中，可能在布置管线时正好在某处有结构设计的梁等构件在此妨碍着管线的布置，这种就是施工中常遇到的碰撞问题。像这样的碰撞问题的协调解决就只能在问题出现之后再进行解决吗？BIM 的协调性服务可以帮助处理这种问题，也就是说建筑信息模型 BIM 可在建筑物建造前期对各专业的碰撞问题进行协调，生成协调数据，提供相关解决方案。当然 BIM 的协调作用也并不是只能解决各专业间的碰撞问题，它还可以解决其他问题，例如：电梯井布置与其他设计布置及净空要求的协调，防火分区与其他设计布置的协调，地下排水布置与其他设计布置的协调等。

### 1.2.3　模拟性（simulation）

模拟性并不是只能模拟设计出的建筑物模型，还可以模拟不能够在真实世界中进行操作的事物。在设计阶段，BIM 可以对设计上需要进行模拟的一些项目进行模拟实验，例如：节能模拟、紧急疏散模拟、日照模拟、热能传导模拟等。在招投标和施工阶段可以进行 4D 模拟（三维模型加项目的发展时间），也就是根据施工的组织设计模拟实际施工，从而确定合理的施工方案用来指导施工；同时还可以进行 5D 模拟（基于三维模型的造价控制），从而实现成本控制；后期运营阶段可以模拟日常紧急情况的处理方式，例如地震人员逃生模拟及消防人员疏散模拟等。

### 1.2.4　优化性

整个工程的设计、施工、运营过程就是一个不断优化的过程。当然，优化和 BIM 也不存在实质性的必然联系，但在 BIM 的基础上可以做更好的优化，可以更好地做优化。优化受三种要素的制约："信息""复杂程度"和"时间"。没有准确的"信息"做不出合理的优化结果。BIM 模型提供了建筑物实际存在的"信息"，包括几何信息、物理信息、规则信息、建筑物变化以后的信息等。建筑物的"复杂程度"高到一定程度，参与人员本身的能力无法掌握所有的信息，必须借助一定的科学技术和设备的帮助。现代建筑物的复杂程度大多超过参与人员本身控制能力的极限，BIM 及与其配套的各种优化工具提供了对复杂项目进行优化的可能。基于 BIM 的优化可以做下面的工作：

（1）项目方案优化：把项目设计与投资回报分析结合起来。设计变化对投资回报的影响可以实时计算出来；这样业主对设计方案的选择就不会主要停留在对形状的评价上，而更多的可以使得业主知道哪种项目设计方案更有利于自身的需求。

（2）特殊项目的设计优化：例如裙楼、幕墙、屋顶、大空间到处可以看到异型设计。这些内容看起来占整个建筑的比例不大，但是占投资和工作量的比例和前者相比却往往要大得多，而且通常也是施工难度比较大和施工问题比较多的地方。对这些内容的设计施工方案进行优化,可以显著优化工期和造价等方面。

### 1.2.5 可出图性

BIM 并不是简单地输出日常建筑设计院所出的建筑设计图纸,以及一些构件加工的图纸。它是通过对建筑物进行了可视化展示、协调、模拟和优化以后,进一步输出如下图纸:

（1）综合管线图(经过碰撞检查和设计修改,消除了相应错误以后的施工图);

（2）综合结构留洞图(预埋套管图等);

（3）碰撞检查侦错报告以及建议改进方案等。

### 1.2.6 一体化性

基于 BIM 技术,可以进行从设计到施工再到运营维护,贯穿了工程项目的全生命周期的一体化管理。BIM 的技术核心是一个由计算机三维模型所形成的数据库;不仅包含了建筑的设计信息,而且可以容纳从设计到建成使用,甚至是使用周期终结的全过程信息。

### 1.2.7 参数化性

参数化建模指的是通过参数而不是常数建立和分析模型,简单地改变模型中的参数值就能建立和分析新的模型;BIM 中图元是以构件形式出现的。这些构件之间的不同,是通过参数的调整反映出来的。参数保存了图元作为数字化建筑构件的所有信息。

### 1.2.8 信息完备性

信息完备性体现在 BIM 技术可对工程对象进行三维几何信息和拓扑关系的描述以及完整的工程信息描述。

根据上文,我们可以大体了解 BIM 的相关内容。BIM 在很多国家已经有了比较成熟的标准或者制度。BIM 在中国建筑市场内想要顺利发展,必须将 BIM 和国内的建筑市场特色相结合,才能够满足国内建筑市场的特色需求。同时,BIM 也将会给国内建筑业带来一次巨大变革。

## 2 医疗建筑 BIM 相关术语和意义

### 2.1 项目的全生命周期

BIM 技术在项目的全生命周期的应用是指在整个项目立项之时就开始使用,到后期交付运营使用之后还会持续使用直至建筑拆除的全过程。应用 BIM 技术对建筑进行建模管理实现了 BIM 技术的价值最大化。

### 2.2 净空分析

净空分析是对建筑空间的净高分析。一般选取管线复杂的区域进行 BIM 分析与优化。医疗项目管线系统复杂。根据其特点分为：医、护、后勤区域；患者区域；公共区域。不同空间有不同的净高控制要求。当净高不满足要求时，导出相应区域的 BIM 报告，供设计人员与业主、施工团队进行沟通协调，提出合理的优化方案。

## 2.3　双向联动

将各个专业的模型整合在一起，可以直接生成管线综合的二维图纸和三维图纸，BIM 模型可以按设计人员的需求生成平、立、剖面图以及透视图和大样图，且图纸会随着模型的修改实时更新，避免了各个专业图纸信息不一致的问题，大大减少了设计人员的工作量。

## 2.4　VR 可视化

将设计阶段已完善的 BIM 模型转入虚拟现实平台中，可以在其中调整 BIM 模型材质、灯光、环境、人物等，全面反映项目的真实情况。虚拟现实平台有强大的移动端支持，可以在移动设备上自由浏览、批注、测量、查看 BIM 模型参数，也可以把文件打包成 EXE格式的可执行文件，供业主随时查阅模型，同时还可以对 BIM 成果进行标注，操作非常便捷。建筑造型和外立面设计是复杂的系统工程，涉及多方面内容，受到建筑本身外在形象、自然环境、景观等多种因素影响。传统效果图展示已经无法满足业主的需求。通过BIM 模型与虚拟现实结合，为业主直观地展示外立面实时效果。并且可根据业主需求在外立面不同位置进行剖切，对各区域进行实时浏览及调整，辅助业主及设计顾问完成外立面设计。

## 2.5　施工管理平台

基于云平台进行项目文档的集中管理，采用项目云存储辅以精细的权限管理，在高效管理项目数据的同时，也能安全便捷地分发和共享数据。通过互联网实现手机、网页数据和电脑数据库的同步，以文档图钉的形式在模型中展示现场情况，协助生产人员对质量安全问题进行直观管理。平台软件提供基于 BIM 技术的质量与安全管理方案，通过手机对现场质量和安全内容进行拍照、录音和文字记录，并与模型关联，实现跟踪与留底。

## 2.6　技术交底

设计阶段的 BIM 成果由甲方提交给施工单位进行审核，BIM 团队与施工单位进行设计阶段 BIM 成果技术交底，并根据施工单位的意见完善设计阶段 BIM 成果。在设计阶段，通过 BIM 模型实现全三维的浏览、漫游、测量和讨论。空间关系复杂的区域需要记录在"视点"中，并清晰地反映各个对象之间的位置关系，以便业主随时查看。通过工程例会相互之间进行沟通和确认。相关协作单位，借助 BIM 设计阶段模型向业主展示工程现状，在三方会审会议上，关键节点的施工技术交底或技术方案最终生成三维场景图片、局部三维剖切图或动画等能直观沟通的 BIM 成果。

## 2.7　施工信息前置

在设计阶段设计师通过BIM平台与施工团队共同商讨方案,将设计理念与施工相结合,让设计方案能够切实得到落实。在这样的理念下,一方面施工BIM团队能够提前开展工作,另一方面也能让设计阶段BIM模型更好地延续到施工深化阶段。从而减少重复建模,节省时间,提高效率。

## 2.8　碰撞检查

碰撞检查是指利用BIM技术消除变更与返工的一项工作。工程中实体相交定义为碰撞,实体间的距离小于设定公差,影响施工或不能满足特定要求也定义为碰撞。为了加以区分,分别命名为硬碰撞和间隙碰撞。

硬碰撞:实体在空间上存在交集。这种碰撞类型在设计阶段极为常见,主要发生在结构梁、空调、给排水管道等管道与桥架之间。

间隙碰撞:实体与实体在空间上并不存在交集,但两者之间的距离比设定的公差小,也被认定为碰撞。该类型碰撞检测主要出于安全、施工便利等方面的考虑。相同专业间有最小间距要求,不同专业之间也需设定最小间距,同时还需检查管道设备是否遮挡墙上安装的插座、开关等。

## 2.9　逆向建模

先制作二维CAD绘制的施工图,再利用三维BIM软件建模称为"逆向建模"。而先利用建模手段进行三维设计,再通过BIM软件自动生成施工图则称为"正向设计"。在传统的二维设计向BIM三维设计过渡阶段,逆向建模起到了"摆渡"的作用。

## 2.10　医院信息模型——HIM

在医疗卫生领域,BIM被称作HIM(healthcare information modeling)。其模型信息范围不仅包括建筑信息,还包括医疗设备和医疗工艺信息等。医院是一类特殊的复杂公共建筑,相对于一般建筑信息模型,其功能、工艺、系统和管线都更加复杂,需求变化更频繁,后期运营要求也更高。

## 2.11　BIM"4D"与"5D"

BIM是一种建筑模型三维的空间展示。在此基础上,融入"时间信息"与"造价信息",形成由3D(实体)+1D(进度)+1D(造价)的五维建筑信息模型,即BIM"4D"、BIM"5D",相较于BIM"3D",BIM"5D"集成了工程量、工程进度、工程造价,不仅能统计工程量,还能将建筑构件的3D模型与施工进度的各项工作(work breakdown structure,WBS)相链接,动态地模拟施工变化过程,实施进度控制和成本造价的实时监控。

## 2.12　BIM 项目协同平台

BIM 项目协同平台是一种提供基于高性能三维技术的项目管理功能，能够在 PC 端、移动端对大规模 BIM 项目模型信息进行高性能浏览，支持三维、二维、文档等格式浏览。对项目从准备阶段到验收交付整个周期中的各类文件进行集中化管理，提高协同工作的效率，防止各参与方因信息不对称、分散而增加返工率。

## 2.13　医院信息系统（hospital information system，HIS）

医院信息系统是在整个医院建设企业级的计算机网络系统，并在其基础上构建企业级的应用系统，实现整个医院的人、财、物等各种信息的顺畅流通和高度共享，为医院的管理水平现代化和领导决策的准确化打下坚实的基础。医疗信息系统具有成熟、稳定、可靠、适用期长、扩充性好等特点，HIS 是现代化医院运营的必要技术支撑和基础设施。构建医疗信息系统的目的就是为了以更现代化、科学化、规范化的手段来加强医院的管理，提高医院的工作效率，改进医疗质量，从而树立现代医院的新形象，这也是未来医院发展的必然方向。

## 2.14　施工运维信息系统

施工运维信息系统是基于 BIM 的建筑工程信息管理系统。是通过服务器和 WEB 应用系统实现的。服务器信息系统用于对 BIM 模型数据、施工信息、运行维护、信息存储与输入，对建筑工程中资料与设备信息进行管理。浏览器是访问系统的入口。在施工和运维阶段不同参与方可以通过登录系统根据工作流程对工程中的相关资料进行统一集中管理和维护。

# ③　BIM 在医疗建筑项目中的应用

## 3.1　BIM 在设计方面的应用

（1）在整个项目的设计阶段利用 BIM 技术对场地、环境现状、施工配套以及交通流量等因素进行评价和分析。对设计的各种方案进行可行性分析，对特殊医疗器械或设施进行模拟使用，并且根据各种特殊情况进行模拟演练。

（2）利用 BIM 技术的三维可视化设计和各种功能、性能模拟分析，让设计人员真正使用三维的思考方式来完成整个设计，更加精准地让业主随时掌握投资与回报情况。综合设计和施工元素建立的联合 BIM 模型，能够结合设计方案，更加直观地分析医院建筑空间多种利用的可能性，从而有效提高新建项目的经济性和实用性。

（3）借助 BIM 技术，可以根据需要对三维视图进行渲染以及仿真漫游，从而实现从不同角度全面分析建筑物，优化方案（特别是管线布置方案），减少设计错误，提高建筑性能和设计质量。

以 BIM 技术作为底层支撑，可以大幅提升协同设计的技术含量，同时将单纯的设计阶段协同扩展到建筑的全生命周期，从而实现综合效益的提升。

具体案例参见："第二章　BIM 技术在新生儿重症监护室（NICU）中的应用"；"第三章　BIM 技术在检验科空间布局设计中的应用"；"第五章　BIM 技术在设计阶段虚拟样板间中的应用"；"第七章　BIM 技术在医疗区域内门中的应用"。

## 3.2　BIM 在施工中的应用

BIM 技术通过三维建模、四维施工进度、五维造价技术进行施工过程中的辅助管理，进一步提高了医院建设以及后期管理过程中的各种精度和速度。实际应用中首先通过三维建模对施工现场进行模拟，并且对整个施工现场进行合理规划和精准安排。通过对前期设计进行模型化处理，利用 BIM 技术进行虚拟建造。通过 BIM 技术的可视化特点，帮助施工管理人员迅速熟悉施工现场，节约大量的施工时间，避免返工，可节约大量成本。

具体案例参见："第八章　BIM 协同平台在施工阶段中的应用"；"第九章　BIM 技术在桩基支护工程中的应用"；"第十一章　BIM 技术应用于施工阶段专项施工方案模拟与验证"；"第十三章　BIM 技术在职工餐厅改造中的应用"；"第十四章　BIM 技术在手术室建设中的应用"。

## 3.3　BIM 在设备安装过程的应用

BIM 技术在设备安装中的应用主要是为了解决传统设计图纸先天不足。在传统的安装工程图纸设计过程中，各个构件的关系往往通过二维方式来展现。各专业之间经常存在管线碰撞。还有设备安装空间狭小、安装操作空间受限等问题。在设备安装工程正式施工之前，负责相关工作的人员就需要开展碰撞检验工作，这是因为设备安装过程中涉及的材料或者构件在设计过程中比较容易产生碰撞，因此，如果不能理清这些设备和管件之间的关系，就可能会导致在后期安装过程中出现冲突。甚至在一些严重情况下，会对建筑安装质量产生影响，导致安全事故的发生。

机电安装项目涉及通风、给排水、消防、动力、照明、通信、信号和供电等十多个专业。各专业设备的安装存在管线规格不一、走向不规律、安装作业交叉等问题。要想在有限的空间内将各专业管线安装排布合理有序、整齐划一，BIM 技术的应用有着独特的优势。通过三维设计可以优化管线的排布以及设备安装过程的优化，可以大大减少返工，避免安全事故。

具体案例参见："第十章　BIM 技术在施工阶段机电深化中的应用"；"第十二章　BIM 技术在医院分布式能源站（CCHP）中的应用"。

## 3.4　BIM 在装饰设计中的应用

BIM 技术的运用改变了传统的装饰设计的理念。通过对该技术的应用不仅可以改进工作效率,还能提高模型与现实的关联度。该技术通过实物模型模拟建造的方式,以三维立体模型为基础,将传统的二维模型设计图纸转化到数字化模型上,最终实现三维立体设计。

在实际应用中,BIM 技术可以实现对构配件添加装饰面层,有效规范装饰工程中物料的使用数量,还能通过对施工的模拟动画设计,在设计阶段做好后期施工装饰过程中的各项管理工作。此外,通过对整个装饰信息的掌控,还能在装饰工程的设计阶段对整个装饰工程的美观性和实用性进行优化。因此,在装饰工程中通过 BIM 技术的应用可以有效改善视觉体验,从而利用三维立体模型更加直观地对设计效果进行预测,不断改进设计方案以满足客户的需要。

MEP 机电模型的制作与修改可以说是 BIM 技术最有优势的地方之一。BIM 技术将传统繁杂的二维图纸转化为三维模型,对其进行碰撞检测。通过应用 BIM 技术将装饰工程的设计从立体转化成了多维度空间形式。设计工作人员可以突破原有工具的限制,将建筑室内空间、室外空间以及建筑的外层结构形成具有关联性的逻辑系统。设计人员在设计过程中将平面布置与空间设计同步进行,从而提高了对实际空间细节的掌控。在对建筑的墙体进行装饰设计时,可以对地面的装饰以及房屋建筑立面的装饰、门窗的油漆处理等进行全方位的设计。

通过 BIM 技术的应用,可以对装饰工程设计进行转型,从粗犷式设计转化为更加精细的集成化设计。另外,三维信息集成模式,可以让设计人员通过及时输入信息,对相关数据进行整合分析,最终将设计理念与设计效果传输给其他相关人员,改变传统设计中的孤立工作模式,确保工程装饰设计与其他阶段的工作同时进行。在采购材料以及工艺选择的过程中,通过相关人员的充分沟通进行协同作业,从而提高装饰工程设计的规范性。在不断改善设计效率的同时,还能提升整体设计的美观性与实用性,不断地满足人们的需求。

具体案例参见:"第四章　BIM 技术在装饰设计阶段空间优化中的应用";"第六章 BIM 技术在医疗建筑幕墙外窗中的应用"。

## 3.5　BIM 在医院建筑运维阶段的应用

BIM 在医院建筑运维阶段的应用主要有以下几个方面:

(1) 空间管理:主要是指对全建筑物范围空间的规划使用管理,包括全建筑范围内每个房间的空间数据管理,部门、人员占用、使用类别及属性信息、使用面积、信息变更管理等。提升房间使用和空间规划的合理性。

(2) 资产管理:主要是通过对建筑物及其附属设备、设施等相关资产进行数量、状态、折旧等资产管理行为,确认业主资产状况提高资产使用效率,减少资产闲置浪费,增强业主效益的管理行为。

（3）设备与管道运维管理：主要是指对建筑物内的全生命周期的设备与管线进行故障排查、能量检测、维修保养、改造等管理工作，目的是为了帮助更好地利用各种设备和管道，延长使用寿命，实现更大的价值。

（4）综合安全管理：主要是指对建筑内的人员、设备等资产可能面对的危害进行预防性的管理，包括对建筑视频监控、消防安全、应急报警、门禁系统、保安巡更、设备安全、停车系统等管理措施。从而降低业主在使用设备过程中的风险。

（5）能耗管理：主要是指对建筑物全部范围内进行水、电、暖等能源使用的统计、分析，从而对建筑内部各部门、各系统的设备能耗、照明能耗、动力能耗等用能情况进行合理优化与改进，提高建筑能耗效率。

医院建筑运维管理既具备与其他公共建筑运维管理共性的需求，相对其他类别的建筑还具有医疗行业独有的特点：医院建筑内病患、家属、医护、科研、管理等人员密集且繁杂，在其内部各种医疗、教学、科研、预防、管理等活动频繁，人员与高价值资产密集。运维服务难度大，品质要求高，安全等级高，专业化程度高。因此 BIM 技术应用于医疗建筑主要体现在下列几个方面：

① 提供数字化可持续更新的建筑信息管理平台。

② 提供建筑运维可视化管理。

③ 提供建筑内各种信息互联互通，可动态查询、更新和修改各种信息。

④ 提供建筑与房产、设备、管线、综合安全及决策体系，形成现代综合信息化管理平台，为智能建筑积累大数据，为智慧医院的创建提供必要的基础信息。

具体案例参见："第十五章　BIM 技术在医院地下管线中的应用"；"第十六章　BIM＋IBMS（智能化集成系统）运维方案规划"。

# 参考文献

[1] GB/T 51212—2016 建筑信息模型应用统一标准[S]. 北京：中国建筑工业出版社，2016.

[2] GB/T 51269—2017 建筑信息模型分类和编码标准[S]. 北京：中国建筑工业出版社，2017.

[3] GB/T 51235—2017 建筑信息模型施工应用标准[S]. 北京：中国建筑工业出版社，2017.

[4] GB/T 51301—2018 建筑信息模型设计交付标准[S]. 北京：中国建筑工业出版社，2018.

[5] 刘荣桂，周佶. BIM 技术及应用[M]. 北京：中国建筑工业出版社，2017.

[6] Chuck Eastman. BIM Handbook[M]. New York：John Wiley & Sons，2011.

[7] 张于. BIM 技术在医院既有建筑改造项目中的应用初探[J]. 工程技术研究，2018，(8)：117-118.

[8] 马利英. BIM 技术在建筑设备安装工程中的应用研究[J]. 居业，2019，(2)：75.

[9] 刘怡燕，王畅宁. BIM 技术在建筑装饰设计中的应用研究[J]. 中国房地产业，2019，(8)：69-70.

[10] 丁洁. BIM 技术在装饰工程设计中应用分析[J]. 住房与房地产，2018，(24)：129.

[11] 李杏. 基于 BIM 技术的医院建筑运维管理研究[D]. 北京：北京建筑大学，2019.

（周　佶　齐玉军）

南京鼓楼医院集团宿迁市人民医院新建门急诊楼、病房综合楼项目效果图

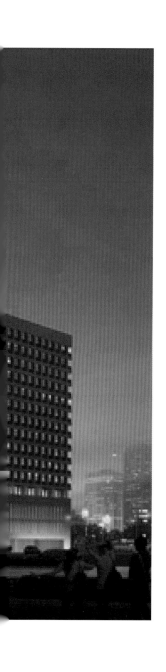

# 第二章
# BIM技术在新生儿重症监护室（NICU）中的应用

## ——南京鼓楼医院集团宿迁市人民医院

### 项目概况

　　南京鼓楼医院集团宿迁市人民医院新建门急诊楼、病房综合楼项目位于江苏省宿迁市宿城区黄河南路，项目总建筑面积约6.9万 m²。该项目主要包括了门诊、急诊、体检中心、静配中心、院内食堂、住院病房、地下停车场等。本项目新建NICU位于病房综合楼顶层，建设标准参照《中国新生儿病房分级建设与管理指南（建议案）》，病室等级为Ⅲ级 a 等。

　　新生儿重症监护指针对患有严重疾病、医学上呈现不稳定状态的新生儿所进行的持续护理、手术治疗、辅助呼吸及其他重症医护措施。新生儿重症监护室（neonatal intensive care unit，NICU）不同于常规的重症加强护理病房（intensive care unit，ICU），是对危重新生儿进行护理、治疗的病室，在医学技术上有复杂的要求。基于NICU的复杂性和高要求，南京鼓楼医院集团宿迁市人民医院基建处决定在NICU建设过程中采用BIM技术。

# 1 组织架构

本项目在规划设计阶段就强调让使用者参与进来的方针,在符合各建筑类规范文件的要求下,尽量满足使用者的需求。

项目初期,我院作为建设单位就明确和强调了在 BIM 技术实施过程中各参与方职责。

首先,我院作为建设单位在 BIM 技术应用过程中起牵头作用,协调各参与单位,对 BIM 模型拥有最终确认权和最终审核权。

其次,我院医疗科室可对本科室所涉及的新建区域提出基于医疗专业领域对建筑方面的要求,受邀参加 BIM 模型展示会议,并可对 BIM 模型提出修改意见。

BIM 团队以建筑设计单位的图纸为依据,完成模型的创建和修改工作,在施工前及时做好模型的交底工作,确保 BIM 模型与已完工程一致,为项目竣工决算和后期运维做好准备。

监理单位负责监督各方的任务进度,在处理 BIM 模型的疑问时提出专业性意见,在关于 BIM 方案的文件上签署监理意见。

施工单位负责与 BIM 团队深度合作,严格按照 BIM 模型进行施工,协助采集各类施工数据,确保已完工程与最终 BIM 模型相一致,在处理 BIM 模型疑问时提出专业性意见。

# 2 BIM 技术的应用

## 2.1 平面设计

在规划设计我院 NICU 前,我院基建处和新生儿科的同志参观了几家宿迁周边城市医院的 NICU,发现这些医院的 NICU 设计一般都是单通道或者双通道的形式,治疗监护区与其他功能区域通过医护通道进行分隔。

单通道的 NICU 布局示意图

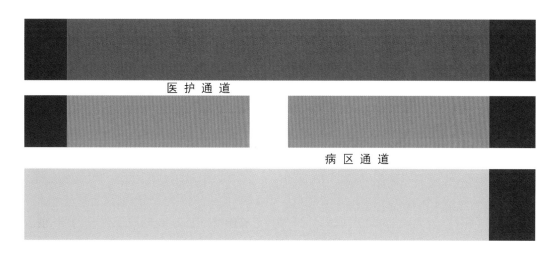

双通道的 NICU 布局示意图

　　我院新建 NICU 位于病房综合楼顶层，病房综合楼的结构形式为框剪（筒体）结构，整体建筑布局为"回"字形。因为没有可参照学习的已完工项目，所以建设单位和设计单位只能尽量通过合理规划各功能用房布局，来满足各方的需求。

　　本项目 NICU 可分为四个区域，通过 BIM 技术进行虚拟建造，以三维模型形式查看医疗各功能分区布局是否合理。

　　**抢救治疗区**：主要有抢救病室、新生儿室、光疗室、隔离病室和袋鼠式护理室。

　　**诊断检查区**：主要有监察室、操作室、X 光室、仪器室、器械室等。

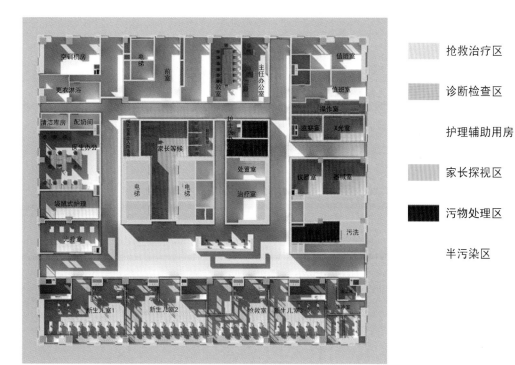

建筑平面图

**护理辅助用房**：主要有治疗室、护士站、医办、示教室、主任办公室、值班室等。

**入口接待区**：主要是入院指导室、等候区及探视区域。

**污物处理区**：包括处置室、污洗间、污梯前室等。

**半污染区**：主要是处置室、更衣淋浴室等

## 2.2 流线规划

### ■ 病人流线

（1）抢救病人流线

抢救病人流线

## （2）常规病人流线

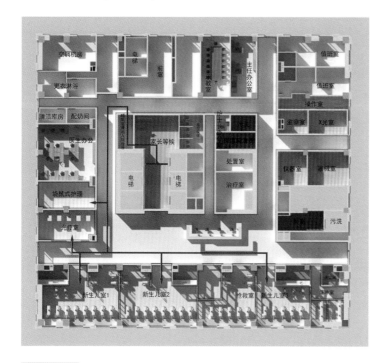

常规病人流线

## （3）医护流线

医护流线

（4）污物流线

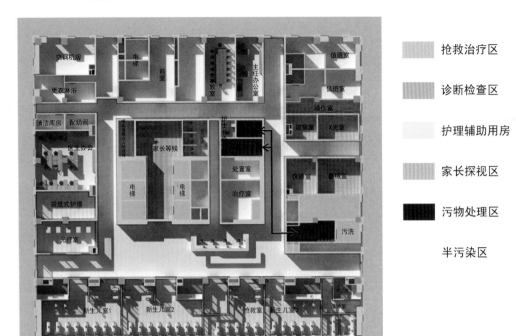

图例：
- 抢救治疗区
- 诊断检查区
- 护理辅助用房
- 家长探视区
- 污物处理区
- 半污染区

污物流线

## 2.3  BIM 技术在医疗装饰中的应用

（1）装饰材料的选用

《中国新生儿病房分级建设与管理指南（建议案）》中要求：新生儿病房地面覆盖物、墙壁和天花板应当符合环保要求，有条件的可以采用高吸音建筑材料。除了患儿监护仪器的报警声外，电话铃、打印机等仪器发出的声音等应降到最低水平。原则上白天噪音不超过 45 dB，傍晚不超过 40 dB，夜间不超过 20 dB。

基于《中国新生儿病房分级建设与管理指南（建议案）》的要求，我院新建 NICU 的室内装饰材料的选用原则，优先考量的是材料的吸音性能。

本项目病室内顶面选用的是 600 mm×600 mm 多孔洁净板吊顶，主要考虑多孔材质一般都具有较好的吸音效果。地面材质选用暖色调 PVC 塑胶地板，PVC 塑胶地板可有效隔声减震，使新生儿室内的人员走动和轮子滚动的声音大大降低。为了使整体风格与病房综合楼的标准病房一致，墙面选用的是易于清洁的抗倍特板。但是抗倍特板属于"较硬"的材质，易反射声波。为了降低声波的反射，在软装阶段将会悬挂厚质密实的窗帘，主要考虑到厚实致密的窗帘具有较好的吸声、隔声特性。

在完成新生儿室内部装饰的 BIM 模型后，我们向新生儿科进行了展示，得到了新生儿科的认可。

新生儿病室最终效果图

　　所有的建筑外窗均布置厚质密实的窗帘，顶面为 600 mm×600 mm 多孔洁净板，灯具选用 600 mm×600 mm LED 平板灯，墙面装饰均为干挂抗倍特板，地面为 PVC 塑胶地板并做圆弧角上翻踢脚线。

　　（2）在向新生儿科展示内部装饰的 BIM 时，新生儿科对光源提出了要求，如果患儿长期处于强光刺激环境，会时刻处于不安定状态，导致应激反应，耗氧量和代谢率增加，生长激素降低，体重增加缓慢。同时强光的刺激也会导致斜视、弱视。因此本项目 NICU 新生儿室的光源选用 600 mm×600 mm LED 平板灯，具备可调色温功能和多档光照强度调节功能。

　　在非治疗操作期间，可将色温调节至 3 000 K 以下，并将光照强度调节至最低，同时可在培养箱上增加覆盖物，以降低光照对新生儿的影响。在治疗操作期间，可将色温调节至 5 000 K 以上，并调整光照强度，以满足医护人员护理诊断的需求。

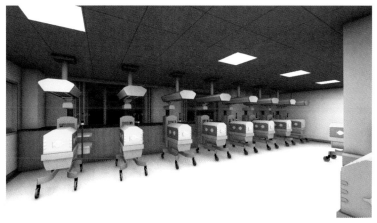

色温 5 700 K（白光）的效果图

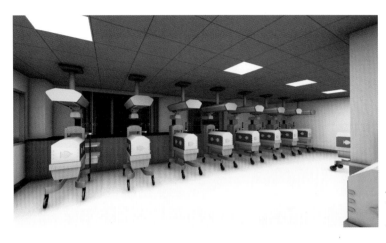

色温 2 500 K(暖光),光照强度较低时的效果图

　　装饰方案通过 BIM 技术的展现,经过多次调整后,最终得到了新生儿科的认可,施工单位也依照 BIM 模型进行施工。

## 2.4　BIM 技术在医疗设备中应用

　　根据本项目设计图纸,新生儿室的中央气体和电源插座采用双层医疗设备带与医疗吊塔相结合的方案。新生儿室靠南侧外窗的区域采用双层设备带,北侧区域选用吊塔;新生儿抢救室内全部选用医疗吊塔。

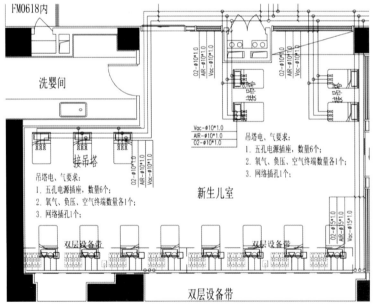

新生儿室中央气体设计图

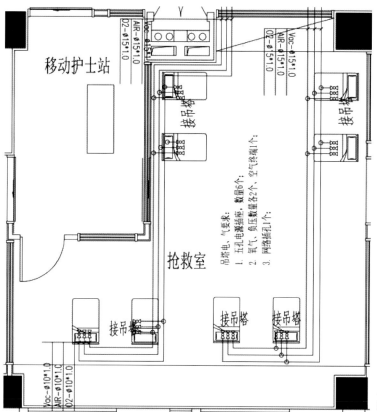

新生儿抢救室中央气体平面图

（1）设备选型

新生儿重症监护室（NICU）不同于成人重症加强护理病房（ICU），NICU 内的吊塔应与婴儿培养箱相配合。本项目吊塔供应方可供选择的吊塔型号为Ⅰ型和Ⅱ型。

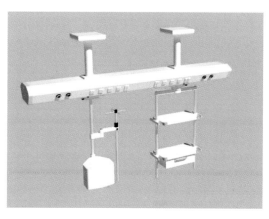

Ⅰ 型

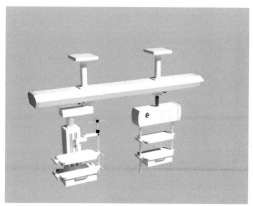

Ⅱ 型

其中Ⅰ型吊塔的电源接口和气源接口在吊塔上方横梁部位,管线连接距离过长,不易与婴儿培养箱相配合。Ⅱ型吊塔因气源接口和电源接口位于下方能量柱和仪器平台上,能够较好地和培养箱配合。

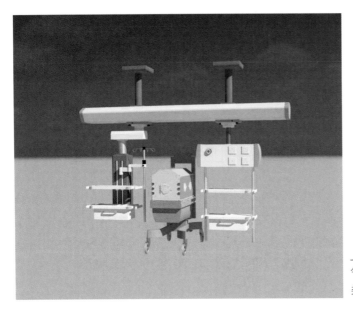

气源接口和电源接口位于下方,各类管线连接线路较短

在导入吊塔模型和培养箱的模型后,如果使用全尺寸的Ⅱ型吊塔,那么 NICU 的床位数会远低于原来规划的床位数。

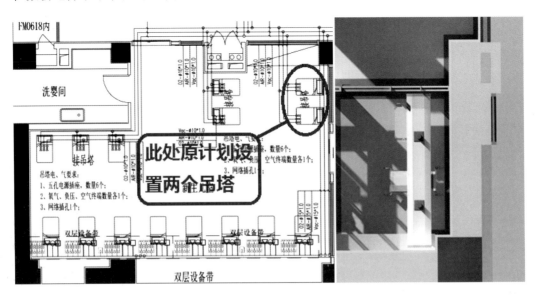

使用全尺寸Ⅱ型吊塔,原设计位置只能摆放一台培养箱,低于原图纸规划

在和吊塔厂家协调后,吊塔厂家认为可以把气源接口和电源接口都集中在能量柱上,只保留能量柱去除仪器平台,从原来的双桥改为单桥,这样可以使吊塔的长度减少一半,来满足原规划设计的要求。此方案得到了新生儿科的认可,因此我院 NICU 的吊塔

选用的是只有能量柱的Ⅱ型吊塔。

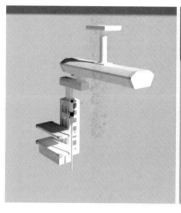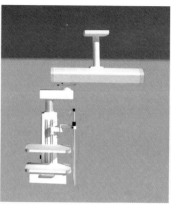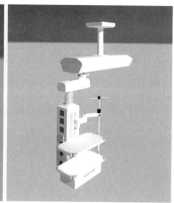

经协商后选用的吊塔效果图

（2）医疗设备布置

根据原设计图纸新生儿室靠南侧外窗的区域采用双层设备带，北侧区域选用吊塔。

通过BIM模拟发现新生儿室南侧有结构柱和建筑外窗，医疗设备带无法安装在建筑外墙上。通过和设计院沟通，需先在建筑外窗下做假矮柜，医疗设备带通过金属支架安装在假矮柜上。

我院血透中心曾采用假矮柜加金属支架的方案来解决设备带安装的方案。安装完成后，设备带底部距地高度约为1.3 m。血透中心在使用过程发现靠建筑外窗侧的医疗设备带严重影响了建筑外窗开启。

靠南侧外窗的区域采用双层设备带，不易开启建筑外窗

经过与新生儿科、设备厂家协商，医疗设备方案改为靠南侧建筑外窗采用医疗吊塔，北侧采用双层医疗设备带。

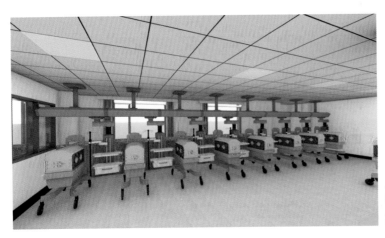

靠建筑外窗侧改为吊塔的初
步效果图

在拿到更改完成的模型后,我们及时与新生儿科进行沟通交流,新生儿科认为婴儿培养箱设置在吊塔中间,吊塔挡住了培养箱的操作窗口,医护人员无法对新生儿进行护理治疗。同时我们发现根据原设计规划,靠南侧外窗处的每个病室应设 8 个婴儿培养箱,但是通过 BIM 模型显示,若按 8 个婴儿培养箱进行设置,那么会有一个吊塔无法设置。

此处部分设备
已与墙体重叠

吊塔的部分设备与墙体重叠

为满足新生儿科的医疗护理需求和培养箱数量的要求,我们和 BIM 单位对吊塔和婴儿培养箱的位置进行再次优化。在将医疗吊塔旋转 $90°$,并尽量使吊塔靠近南侧建筑外窗后,新生儿室南侧可以设置 8 个婴儿培养箱。依据《中国新生儿病房分级建设与管理指南(建议案)》中的要求,新生儿病室内床均净面积 $\geq 3 \ m^2$,床间距 $\geq 0.8 \ m$,通过检查 BIM 模型中的床间距,距离为 820 mm,床均净面积约为 $6.3 \ m^2$,均满足《中国新生儿病房分级建设与管理指南(建议案)》中的要求。此方案在 BIM 模型修改完成后,亦得到了新生儿科的认可。

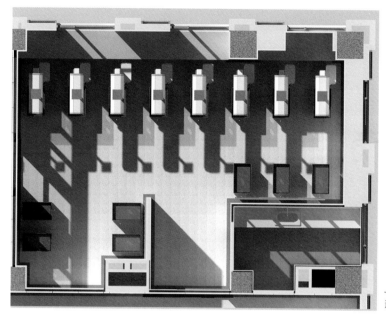

新生儿病室的俯视图

新生儿病室的吊塔部位的正视图

　　在完成新生儿病室的BIM模型修改后，我们以新生儿病室的BIM模型为基础，建立了抢救室和隔离病室的BIM模型。依据《中国新生儿病房分级建设与管理指南（建议案）》中的要求，新生儿病室内床均净面积≥6 $m^2$，床间距≥1 m。通过检查BIM模型，新生儿抢救室床间净间距为1.1 m，床均净面积约为6.7 $m^2$，均满足要求。

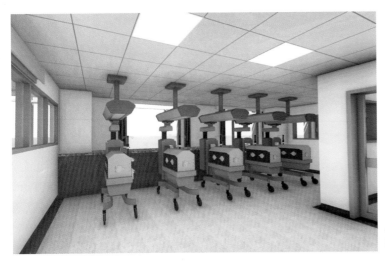

新生儿抢救室的正视图

（3）医疗设备的离地高度调整

本项目 NICU 内主要的医疗设备有医疗设备带、医疗吊塔和婴儿培养箱等，为了防止这些设备在立体空间内发生碰撞，并通过设备的高度调整来为医护工作者创造更好的工作条件，我们尝试利用 BIM 技术来解决这个问题。

婴儿培养箱遮住了设备带

本 NICU 内还设置了光疗室，光疗室内有专门的新生儿黄疸治疗箱，在新生儿室内导入拟使用的婴儿培养箱模型和在光疗室内导入新生儿黄疸治疗箱后，考虑到 NICU 内的护士大多都是女性，我们利用 BIM 技术在新生儿室和光疗室内放置一个 1.6 m 高的虚拟人物，通过虚拟人物模拟医护人员工作状态来进行调整。

光疗室内黄疸治疗箱与医疗设备带的配合，当双层设备带的底部距地高度为 900 mm 时，下层设备带的电源接口与黄疸治疗箱背部的电源接口出现碰撞，将设备带的底部距地高度修改为 1 100 mm 后，能够较好地满足医护人员的需求

在完成光疗室设备带的高度调整后，我们进行了新生儿室的设备带高度调整。

当设备带的底部距地高度为 1 100 mm 时，下层设备带的电源接口和婴儿培养箱上部出现了碰撞，将设备带的底部距地高度修改为 1 300 mm 后，医护人员认为能够满足使用需求

最后我们在新生儿室中导入婴儿培养箱和吊塔的模型，从最低高度 1 500 mm 开始慢慢将吊塔往上挪动，以此来模拟实际使用的环境。

当吊塔的距地高度为 2 000 mm 时，医护人员认为能很好地观察监护仪器，而且电源和气源接口与婴儿培养箱也能形成很好的配合

（4）各类接口数量的确认

在规划设计 NICU 之初,医护人员就要求电源接口一定要多。根据临床使用的经验和与设备带设计单位协商结果,最终确认新生儿室设备带和吊塔上每个单元配 6 个电源插座和一个信息网络插座。由于设备带上的电源插座较多,因此我们规划设计了双层设备带,气路和电路在物理上的隔绝也使得设备更加安全。为了能尽量多接一些电源设备,设备带上电源插座最终确认为斜五孔插座。

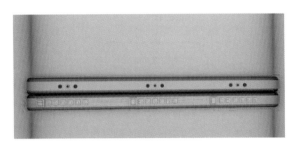

双层设备带的上层为气源接口,每个单元配备 1×氧气、1×压缩空气、1×负压接口,双层设备带下层为电源和信息网络接口,每个单元配备 6×斜五孔插座、1×网络信息接口

斜五孔插座示意图

抢救室内配备的全部是吊塔,新生儿科结合临床使用需求考虑到抢救室使用的用电设备角度,因此每个吊塔配备 10 个电源插座。

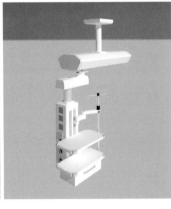

吊塔的能量柱两侧均设置了电源插座,总计 10 个正五孔插座;每个吊塔均配备 1×氧气、1×压缩空气、1×负压接口,以及一个信息网络接口

# ③ BIM 技术在特殊医疗区域设计中的应用价值

　　本次 NICU 设计过程中，没有类似项目可以参照学习一直是笔者最大的苦恼，若没有 BIM 技术的支撑，很有可能会出现使用"不顺手"的情况。

　　BIM 技术摆脱了传统二维图纸的局限性，通常情况下医护人员对平面图纸是不敏感的，但是通过 BIM 技术的实际展现，医护人员往往能够发现图纸中存在的问题，这能省去很多建设完成后的各种修改和建设过程中的工程变更，虽然这在最终工期计算和竣工结算时是无法体现的。

　　未来，若能突出 BIM 技术在协同设计中的重要性，利用 BIM 技术作为项目参与各方的中心整合点，优化设计方案、施工方案，那么 BIM 对竣工后的时间成本的体现将非常可观。

# ④ NICU 浏览

**NICU 漫游**

## 参考文献

［1］中国医师协会新生儿科医师分会. 中国新生儿病房分级建设与管理指南（建议案）［J］. 发育医学电子杂志，2015,28(4)：193 - 202.

［2］Consensus Committee. Recommended Standards for Newborn ICU Design［C］. The seventh Consensus Conference on Newborn ICU Design. Clearwater Beach，FL，2007.

［3］杨阳. 现代综合医院新生儿重症监护中心（NICU）建筑设计研究［D］. 西安：西安建筑科技大学，2017.

（戚永刚　施骁玮　郭艮俊　李　伟　张　霄）

南京鼓楼医院南扩大楼外观

# 第三章
# BIM技术在检验科空间布局设计中的应用
## ——南京鼓楼医院

### 1 南京鼓楼医院检验科简介

近年来,大量的医院建设中,南京鼓楼医院南扩大楼尤为突出,被誉为"承载身体的建筑与容纳灵魂的花园"。南京鼓楼医院检验科便置身于这座伟大的"地标"之中。

鼓楼医院检验科作为国家 ISO15189 认可实验室、江苏省临床重点专科、南京市临床重点专科,设有生化检验、微生物检验、免疫检验、临床检验、分子生物学实验室、急诊检验六个专业组,开展各种检查项目 450 余项。通过怎样的合理布局、做到流程的优化,让近百人在 3 000 余 m² 的医疗环境中安全、稳定、高效地从事检测工作呢?

下面,让我们通过 BIM 建筑模型来进行分析。

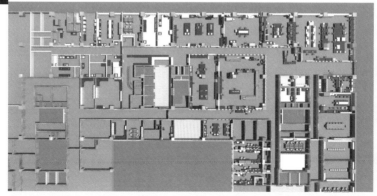

检验科平面图

# ❷ 检验科空间布局设计

## 2.1 科室分区及流程设计

科室分区及流程规划是空间布局设计第一步，也是设计好检验科布局的基础。首先需规划出标本接收口、污物出口、人员入口。标本接收需设置于靠近出入方便之处，例如电梯大厅、医疗街走廊、自动扶梯等，方便标本接送，若标本采集与实验区分开，则需考虑标本的传送。污物出口需就近污梯、污廊设置，且污物出口属于污染区，需整体考量其位置和属性来规划定位；人员入口是指医务人员日常进出科室的入口，为清洁入口，医务人员由清洁区进入污染区的过程当中应设置更衣缓冲间。

检验科的整体流程导向

鼓楼医院检验科整体分区和流线明确，清洁区、更衣缓冲区、污染区互不干扰。针对每个功能不同的实验区域进行了详细规划，这既达到了国家规范要求，又结合实际操作、统筹规划，体现了工作流程的合理性。同时实验室的布局和硬件配置，也通过前瞻性设计，保证了实验室在五年内能满足工作的需求，不进行大范围改造。

医生流线：医生从电梯进入更衣间，通过更衣间缓冲进入实验区域，实验区分布在污染通道两侧，方便进出。

标本流线：病房标本通过护士站后的传输系统传送，门急诊的标本通过临床检验门口的传输机上传到检验科。

污物流线：污物经污物通道最终汇集至污物处理间，污物处理间就近污梯安置，符合院感要求。

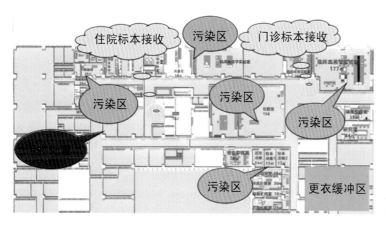

鼓楼医院检验科 BIM 分区导向

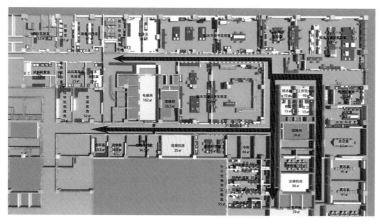

检验科人员流向示意

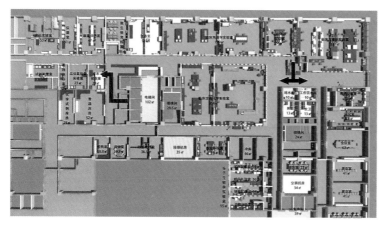

检验科标本接收流向示意

## 2.2 布局方案

### 2.2.1 标本接收处的形式

考虑到鼓楼医院检验科的采样大厅与实验室是分开的，标本的传输方式需要慎重考虑。若干设计方案中，需要在轨道物流小车和传送电梯中做出选择。轨道物流小车的优点是应用范围广，物流轨道布置可以发散至整个医院大楼，缺点是吊装受层高限制，易翻车，不宜用于易碎制品的传输；传送电梯的优点是传输稳定，不易翻倒，缺点是范围小，使用范围仅限垂直方向的运输。

检验科标本量巨大，每一次标本的传输都必须做到对病患负责，须规避各种隐患，将标本安全快速地送达标本接收点。在建筑位置上，检验科实验区与采集区垂直相近。

综合考虑多方面因素后，最终采用了传送电梯的形式，垂直传送标本，水平上使用滚轮式传输带进行点位的延伸，使标本安全稳当地进行传送。并最终在检验科内设置了住院标本接收及门诊标本接收两处接收点，均采用了传送电梯的形式。

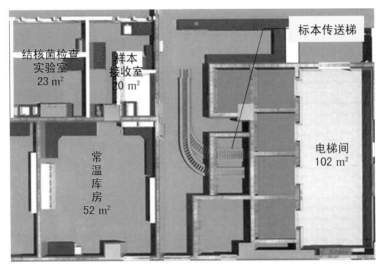

检验科标本传送电梯 BIM 建筑模型

### 2.2.2 实验分区设计

鼓楼医院检验科设有生化检验、微生物检验、免疫检验、临床检验、分子生物学实验和急诊检验等六大实验区，实验区采用的是各自独立的分区方式，每个实验区都在各自独立的区域内进行实验，互不干扰。

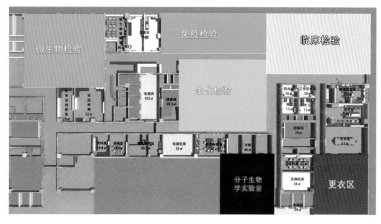

检验科实验区划分示意模型

如今,很多医院的检验科在实验室设计的过程中,面临两种选择:第一种是采用大开间的设计,将血常规、体液、生化、免疫等放置在一个大开间内,做成一个流水线的大实验室,大开间设计的好处是采光好,通透感强,实验室整体感较好,但大开间的形式会造成实验环境很嘈杂,机器运转的声音、人员之间的交流等会使得实验室像一个“菜市场”;第二种是采用分隔式设计,将血常规、体液、生化及免疫各自分区在单个的实验室内,将各实验区独立运行,减少了各实验室之间的相互干扰,缺点是通透性相对较差,观感上缺少“大气”的感觉。

鼓楼医院检验科独树一帜,采用的分隔式设计的形式,减少了实验区之间的干扰。在采光和通透性的问题上,采用了半墙半玻璃的形式进行隔断,最大限度保证了采光效果。

检验科实验区走廊隔断 BIM 建筑模型

### 2.2.3　鼓楼医院检验科常规实验室内的装备配置

鼓楼医院检验科配置有目前全球最先进的现代化检验设备。

临床生化实验室配有 Beckman AU5421 生化分析仪组合流水线、强生 Vitros 5.1 FS 全自动干生化分析仪、GEM Premier 3000 血气分析仪、Beckman Coulter IMAGE—4700 特种蛋白仪、Sebia HYDRASYS2 全自动毛细管电泳仪、东曹 G8 糖化血红蛋白分析仪、伯乐糖化血红蛋白分析仪等设备。

临床血液、体液学实验室配有 Sysmex XE—5000 全自动血细胞分析流水线、Sysmex CS 5100 全自动凝血分析流水线、Sysmex UF1000i 尿液分析流水线、BD FACS Calibur 流式细胞仪等设备。

临床免疫学实验室配有 Microlab STAR/FAME 全自动酶免分析系统、Abbott ARCHITECT i2000 全自动化学发光分析仪、罗氏 Cobas E411 电化学发光免疫分析仪等大型仪器设备。

检验科临床生化实验室 BIM 建筑模型

检验科临床免疫学实验室 BIM 建筑模型

检验科临床血液、体液学实验室 BIM 建筑模型

### 2.2.4　检验科微生物实验室及分子生物学实验室

（1）微生物实验室

鼓楼医院检验科微生物实验室按功能可细分为结核实验室、细菌培养室及检测鉴定室，配有梅里埃BacT/ALERT 3D全自动荧光血培养仪和Vitek2—Compact全自动微生物鉴定及药敏分析系统、伯乐CHEF—MAPPER—XA脉冲场凝胶电泳及成像系统。其中，结核菌实验室为生物危害性实验室，需要配置缓冲间以隔绝，且使用了全排型生物安全柜，保证了医务人员的安全。细菌培养室和检测鉴定室为减少外界对其实验过程的干扰，设置了两台生物安全柜。试剂配置室内使用超净工作台来阻隔配置过程，确保实验准确性。

在实验室内部标本或试剂的传输统一使用互锁式传递窗的形式，减少实验室内部气流的互换和感染的可能性。在空气流向上，微生物检测鉴定室相对于其他实验区为负压，保证了气流的单一向流动。

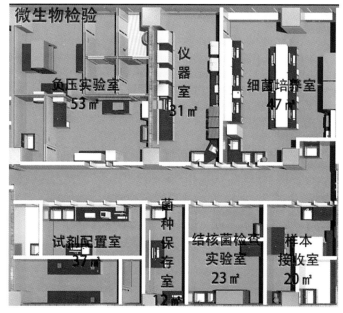

检验科微生物实验室BIM建筑模型

微生物实验室生物安全柜BIM建筑模型

微生物实验室仪器室 BIM 建筑模型

（2）分子生物学实验室（PCR 实验室）

鼓楼医院检验科分子生物学实验室分为四区，按操作流程依次为试剂配置室、样品处理室、核酸扩增室及产物分析室，每一间实验室均配置有缓冲间，以阻绝各实验区内的气溶胶污染。空气流向上，遵循压差梯度原则，按操作顺序保证下一步流程实验室相对上一步流程为负压，缓冲间相对各实验区为正压。规划时考虑到样品处理室内设备多、人员多，故其占地面积相对最大。

鼓楼医院检验科的分子生物学实验室配置有冰箱、培养箱、恒温箱、水浴锅、烘箱、离心机、超净工作台、生物安全柜、PCR 仪等。

分子生物学实验室 BIM 建筑模型

## 2.2.5 检验科辅助用房的设置

检验科实验室内的仪器多、种类庞杂，各类辅助用房的设置也尤为重要。

（1）纯水机房

检验科实验过程对纯水的需求量较大，流水线、微生物、分子生物学都需要用到纯水，故鼓楼医院检验科内独立设置了一个纯水制备间，其水源来自大楼纯水系统，大楼纯水进入到机房后会进行二次过滤，以制备出能达到符合实验要求的纯水，由纯水机房内的管道输出至各实验室要求的点位上。

（2）UPS（不间断电源）机房

检验科的实验过程中，UPS是必须要配置的。实验仪器在正常的操作过程中若出现断电现象，对实验过程是致命的，可能会造成实验标本的错乱或失效，由此带来更多的麻烦。若在建设检验科时考虑到双路电源供电，也可避免此类问题的发生。

（3）冷库

检验科的标本及试剂需要使用不同控温范围的冰箱来进行储存，以此保证其活性。鼓楼医院检验科将冷库按功能划分为标本冷库、试剂冷库、常温库、常温试剂库房，均排布在实验区周边，方便取拿和存放。

# 3 结　语

BIM可以为检验科的空间建筑设计提供很多支持。在传统的二维状态下进行设计，建筑师、结构师都很难理解各个构件在空间上的位置和变化，设备工程师、电气工程师更难在空间建筑内进行设备、管线的准确定位和布置。建筑、结构与设备、管线位置关系出现矛盾，会影响设计图纸的质量。在三维可视化条件下进行设计，建筑各个构件的空间位置都能够准确定位和再现，为各个专业的协同设计提供了共享平台，因此通过BIM数据的共享，设备、电气工程师等能够在建筑空间内合理布置设备和管线位置，并通过专门的碰撞检查，消除了各种构件相互间的矛盾。通过软件的虚拟功能，设计人员可以在虚拟建筑内各位置进行细部尺寸的观察，方便进行图纸检查和修改，从而提高图纸的质量。

鼓楼医院检验科的这一经典布局案例，将会在未来很长一段时间内引领潮流，可作为检验科建设的一个参考。扫描下方二维码，可直观体验。

**鼓楼检验科整体漫游视频**

经典，往往代表过去。从2012年至今，学科发展，科技创新，随着物联网技术和运维平台的建设和发展，未来的检验科，将会融入更多新的元素，更加以人为本，更加安全高效。

（夏永泉　周　文　杨　鑫）

南京市第一医院河西院区

# 第四章
# BIM技术在装饰设计阶段空间优化中的应用
## ——南京市第一医院

### 项目概况

南京市第一医院河西院区改造工程项目建设地点位于建邺区燕山路139号，用地面积41 415.5 m²（约62.1亩），改造用房总建筑面积66 151.6 m²，其中地上54 190.8 m²，地下11 960.8 m²，项目建设总投资约2.93亿元。

改造要求：根据现有医院的优势及需求，进行科室调整；按照三甲医院医疗布局要求，重新设计医院诊疗流程并重新规划室内布局；对房屋的内部墙地面改造、公用配套工程（含配电房、中央空调、医气设备、弱电系统等）进行改造扩容。同时改造建设范围内的道路、广场、绿化等室外工程，配套水、电、气、通信、环保、消防等公用工程设施。

本项目的难点：

（1）机电管线净高控制

本项目医疗流程及工艺复杂，空调、水、电、通信、轨道物流等子系统繁多，对安装净高要求高。

（2）医疗专项设计

本项目1号楼涉及手术室等特殊医疗区域，需要对该区域各功能分区、组织流线、装饰进行一体化设计。

# 1 BIM 组织架构

本项目基于 BIM 技术,成立了以业主牵头各参建方为主的管理团队。为更好地在本项目实施 BIM 信息化管理模式,建立建筑信息模型,成立专门的 BIM 管理团队,同时聘任专业的 BIM 咨询顾问团队协助操作,以确保 BIM 的良好运行。

**决策层**:南京市第一医院

**参建方**:南京市城建集团、江苏天茂

**BIM 咨询**:南京天枢云信息技术有限公司

# 2 BIM 应用点介绍

## 2.1 BIM 应用标准

南京市第一医院河西院区项目通过前期策划实施方案及制定工图的建模行为准则,确保 BIM 模型从设计阶段到施工阶段能重复利用并不断深化,提高建筑生产过程中的信息传递效率和精确度,避免了重复工作。

(1) 建筑装饰行业工程建设中国建筑装饰协会标准. 建筑装饰装修工程 BIM 实施标准. T/CBDA—3—2016。

(2) 中国安装协会标准. 建筑基点工程 BIM 构件库技术标准. CIAS 11001:2015。

(3) 中华人民共和国国家标准. 建筑信息模型施工应用标准. GB/T 51235—2017。

(4) 中华人民共和国国家标准. 建筑信息模型设计交付标准. GB/T 51301—2018。

### 2.1.1 会议制度

本项目根据项目需求以及现场实时情况,定期组织参建召开 BIM 协调会议,主要包括:

(1) 部署 BIM 工作计划以及要求;

(2) 机电优化方案成果技术交底,明确安装施工顺序提高施工安装效率。

### 2.1.2 BIM 应用成果

咨询报告——将装饰工程中的问题汇总并编制 BIM 咨询报告,为今后的医院工程设计提供了借鉴,避免类似问题的发生。

经济效益分析——提前发现各类问题,减少现场签证及返工的发生。

## 2.2 BIM 具体应用实例

本项目工程机电安装周期较短,故对安装深化、安装进度要求很高!因此在施工前须确定各区域、楼层的管线排布方案,对南京市第一医院河西院区进行了净高分析和管综优化。净高分析是将各专业 BIM 模型整合并对各区域进行净高分析检测,汇总不利标

高反馈至设计院复核。而管综优化根据机电优化原则、施工规范、操作空间等方面对各种管线进行优化排布。

　　• 河西院区 3 号楼 1 楼食堂餐厅区域净高分析实例

　　问题描述：该区域的吊顶标高最高为 3 200 mm，最低 3 000 mm，而最低梁底标高为 3 250 mm，风管高度 260 mm，加上支架吊顶，不满足 3 号楼 1 楼餐厅净高 3 000 mm、局部 3 200 mm 的要求。

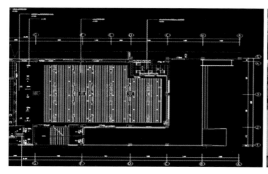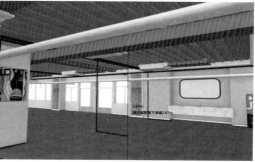

食堂区域净高分析图

　　**处理方案**：建议该区域装饰标高 2 950 mm。

　　• 河西院区 4、5 号楼走廊区域净高分析实例

　　问题描述：该区域 4 号楼 5 号楼走廊区域的吊顶标高为 2 720 mm，而最低梁底标高为 2 750 mm，风管高度 250 mm，加上支架吊顶，不满足 4 号楼、5 号楼走廊区域净高 2 720 mm 的要求。

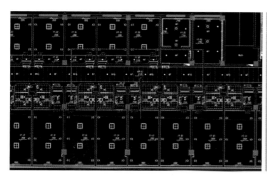

走廊区域净高分析图

　　**处理方案**：建议该区域装饰净高 2 500 mm。

## 2.3 机电深化流程

（1）碰撞检测：根据 BIM 模型对吊顶内管线进行碰撞检测。

（2）净高分析：装饰、机电一体化设计，查找净高不足之处。

（3）管综优化：根据优化原则、施工工艺、施工空间等进行优化排布。

（4）施工出图：优化方案成果确认后，导出各专业施工图，指导现场施工。

### 管综优化原则

（1）大管优先，小管让大管：空调通风管道、排水管道、排烟管道等占据的空间较大，应在平面图中先作布置。

（2）有压管线让无压管线：如生活污水、粪便污水排水管、雨排水管、冷凝水排水管都是靠重力排水，所以在与有压管道交叉时，有压管道应避让。

（3）电气避热避水，在热水管线、蒸气管线上方及水管的垂直下方不宜布置电气线路。

（4）低压管避让高压管。

（5）常温管让高温、低温管道。

（6）可弯管线让不可弯管道、分支管线让主干管线。

（7）附件少的管道避让附件多的管道：各种管线在同一处布置时，还应尽可能做到呈直线、互相平行、不交错，紧凑安装，干管上引出的支管尽量从上方（或下方）安装，尽量高度、方位保持一致。还要考虑预留出施工安装、维修更换的操作距离，以及设置支吊架的空间等。安装、维修空间≥500 mm。

（8）应留有管线之间和管线与建筑构配件之间合理的施工安装间距。

## 2.4 机电复杂节点修改方案

（1）主楼一层走廊宽度约 3 000 mm，梁底高度 3 400 mm，空间狭窄，管道多，净高要求 3 000 mm。

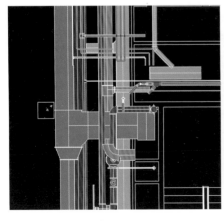
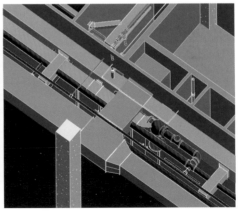

优化前

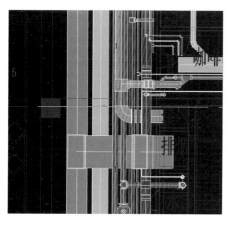
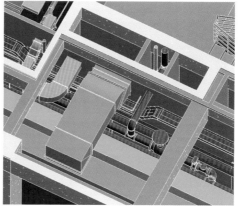

优化后　压缩风管,调换管井位置,降低标高要求

（2）主楼轴号 F1 12—H:空间狭窄,管线密集且尺寸大。

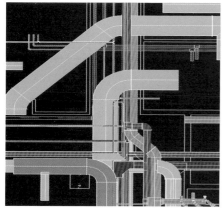
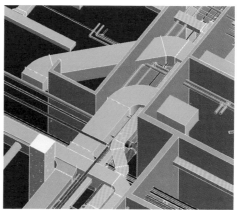

优化前

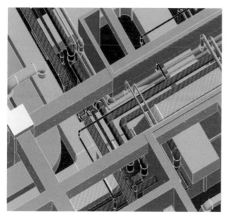
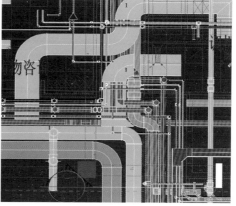

优化后　部分管线走房间,风管在下,水管和桥在上方

（3）主楼 F1 4—C：走廊宽约 1 940 mm，空间狭窄，管道系统多，尺寸大。

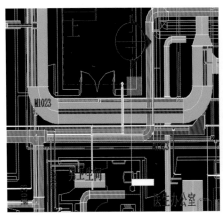

优化前

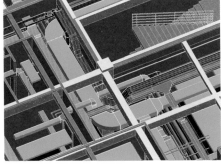

优化后　此处无下风口，将风管和桥架置于最上面一层，其他管道系统置于下层

（4）主楼 F1 4—C：走廊中间有一道纵梁，致使某些管道无足够翻弯空间，且此处暖通水管为 DN250 的主管，尺寸较大。

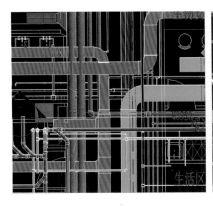

优化前

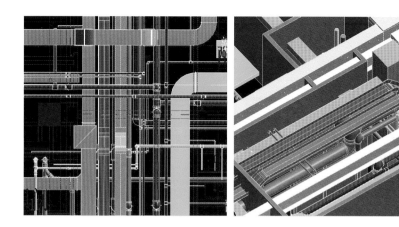

优化后　分层布置管道,大管避开此梁翻弯,将桥架和风管置于上层

（5）主楼 F1 4—J:此处管道系统多,空调水管多为大尺寸主管,分出支管多,且上方梁密集,不利于翻弯。

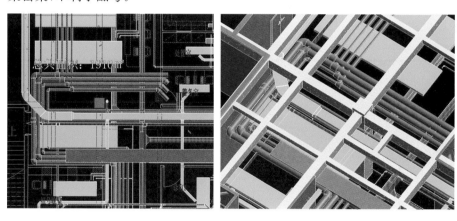

优化前

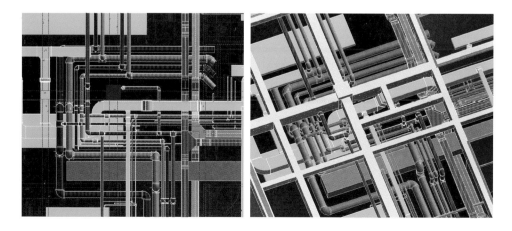

优化后　翻弯避开大梁,合理分布空调管

## 2.5 主楼样板间材质及漫游截图展示

（1）3 楼样板间

| 序号： | 001 | 区域： | 3F 病房走道 |
|---|---|---|---|
| 名称： | 墙面 | 材质： | 白色水性壁布漆 |

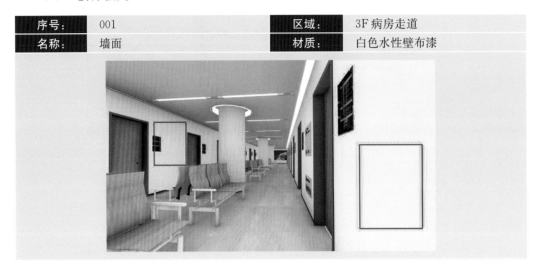

主楼样板间墙面

| 序号： | 002 | 区域： | 3F 病房走道 |
|---|---|---|---|
| 名称： | 护士站墙面 | 材质： | 白色复合烤漆钢板 |

主楼样板间护士站墙面

| 序号： | 003 | 区域： | 3F 病房走道 |
| 名称： | 护士站台面 | 材质： | 白色人造石 |

3 楼样板间护士站台面

| 序号： | 004 | 区域： | 3F 病房走道 |
| 名称： | 走道门嵌板 | 材质： | 木纹门 |

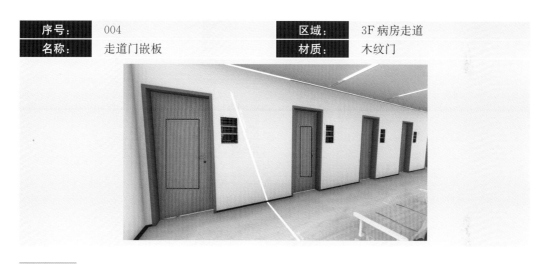

3 楼样板间门嵌板

| 序号： | 005 | 区域： | 3F 病房走道 |
| 名称： | 走道门套 | 材质： | 黑色门套 |

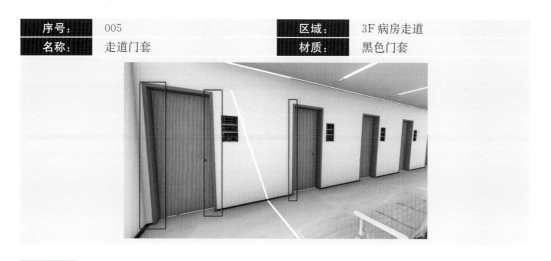

3 楼样板间门套

| 序号： | 006 | 区域： | 3F 病房走道 |
|---|---|---|---|
| 名称： | 天花板 | 材质： | 石膏板刷白色乳胶漆 |

3 楼样板间天花板

| 序号： | 007 | 区域： | 3F 病房走道 |
|---|---|---|---|
| 名称： | 地面踢脚线 | 材质： | 黑色 |

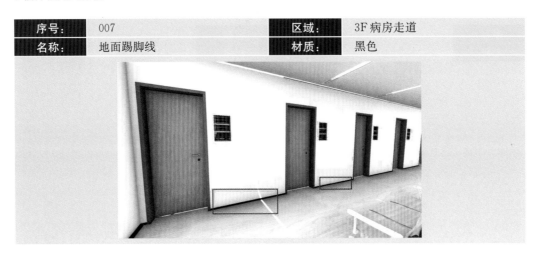

3 楼样板间踢脚线

| 序号： | 008 | 区域： | 3F 病房走道 |
|---|---|---|---|
| 名称： | 地面 | 材质： | 木纹地面 |

3 楼样板间地面

（2）主楼 5～9 楼样板间

| 序号： | 001 | 区域： | 5F 病房走道 |
| --- | --- | --- | --- |
| 名称： | 墙面 | 材质： | 米黄墙面 |

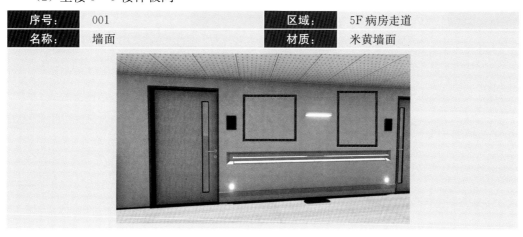

5 楼样板间墙面

| 序号： | 002 | 区域： | 5F 病房走道 |
| --- | --- | --- | --- |
| 名称： | 护士站标志牌 | 材质： | 烤漆 |

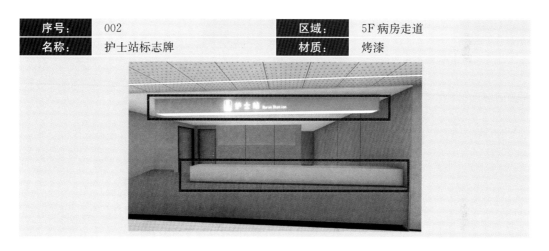

5 楼样板间护士站

| 序号： | 003 | 区域： | 5F 病房走道 |
| --- | --- | --- | --- |
| 名称： | 护士站台面 | 材质： | 服务台木纹 |

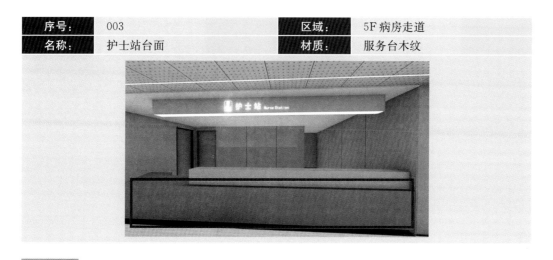

5 楼样板间护士站台面

| 序号: | 004 | 区域: | 5F 病房走道 |
|---|---|---|---|
| 名称: | 走道门嵌板 | 材质: | 木纹门 |

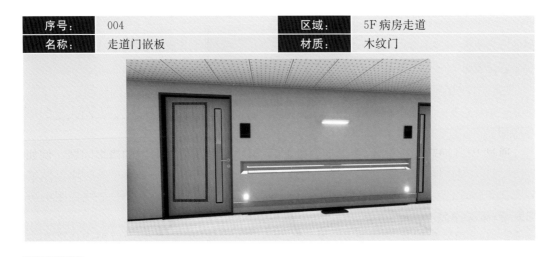

5 楼样板间门嵌板

| 序号: | 005 | 区域: | 5F 病房走道 |
|---|---|---|---|
| 名称: | 走道门套 | 材质: | 黑色门套 |

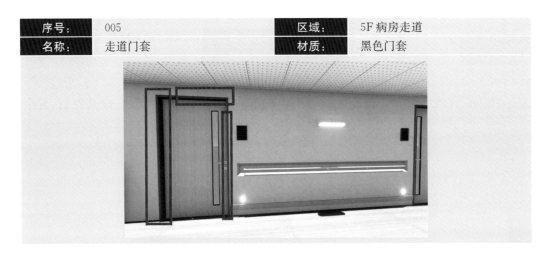

5 楼样板间门套

| 序号: | 006 | 区域: | 5F 病房走道 |
|---|---|---|---|
| 名称: | 天花板 | 材质: | 穿孔铝板 |

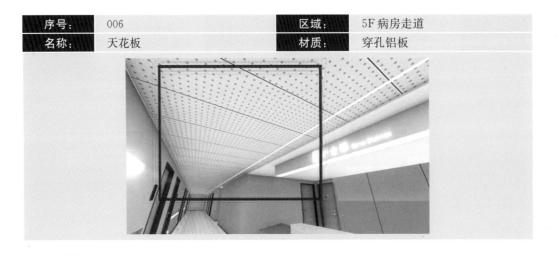

5 楼样板间天花板

### 3  BIM 净高分析总结

传统施工图绘制过程中，各专业相互间无法进行精确的协调沟通，图纸只能保证各自专业内（甚至一张图纸内）没有碰撞冲突，当所有专业整合在一起后就会发现大量的冲突碰撞。

通过 BIM 净高分析设计，在设计阶段，即可解决管线安装过程中的诸多问题。例如解决图纸的完整性问题，减少施工图纸的漏缺；解决图纸一致性问题，避免施工中因图纸造成施工误差；解决冲突碰撞问题，优化管道路由；解决设计合理性问题，使施工图纸更加完善；解决净高不足问题，减少施工中管道的拆改。

本项目 BIM 管线综合基于满足设计功能的前提下，以整齐、简短的原则优化排布了各专业管线，以最小的成本达到了美观实用的效果。本项目基于施工的要求，从模型直接导出管线综合图，详细标注了所有主要管道的标高、翻弯位置；为了方便各专业施工，同时拆分出了各专业的图纸，现场可以直接参考这些图纸施工，节省了施工单位大量的时间和人力；此外，为了让施工人员更容易理解，还从模型中导出了大量的剖面图、详图，详见示例。

BIM 单位与设计院、施工单位合作，时间节点上处于图纸到现场施工之间，通过模拟建造，把关设计图纸，找出问题，找出施工重难点区域。传统二维图纸在净高控制、复杂节点展示上比较吃力，三维可视化的 BIM 机电设计则容易实现。

### 4  样板间漫游二维码

样板间漫游

（李　瑾　郑　炎　姜春晓　许　明）

南京市溧水区中医院

# 第五章
# BIM技术在设计阶段
# 虚拟样板间中的应用
## ——南京市溧水区中医院

## 项目概况

南京市溧水区中医院异地新建项目位于溧水区永阳镇常溧路南，文昌东路北，总用地面积约142亩，总建筑面积约123 000 m²，总投资约8.5亿元。

本期建设医疗综合楼1栋（地下1层，地上21层），建筑面积90 026.5 m²（地上74 275.2 m²，地下15751.3 m²），设置床位数700张。

后勤综合楼1栋（地下1层，地上4层），建筑面积9 975.17 m²（地上7 593.94 m²，地下2 381.23 m²）。

同步建设区公卫中心楼1栋（地下1层，地上12层），建筑面积23 059.29 m²（地上15 918.51 m²，地下7 140.78 m²）。

2015年1月开工建设，2016年9月20日医疗综合楼主体工程结构封顶，2017年3月23日后勤综合楼主体工程结构封顶，于2018年12月18日顺利搬迁入驻。

# 1 BIM 组织架构

本项目基于 BIM 技术,成立了以业主牵头各参建方为主的管理团队。基于 BIM 模型对装饰方案比选及优化,提高业主决策水平,降低施工风险。

**决策层**:南京市溧水中医院

**参建方**:中建八局、金中建

**BIM 咨询**:南京天枢云信息技术有限公司

# 2 BIM 应用点介绍

经过 BIM 在国内外工程中的实例,BIM 在装修工程中发挥着巨大的作用,BIM 技术的出现为装修设计、施工、成本控制、节能环保等各个方面带来了极大的便利和效益。针对南京市溧水中医院设计阶段的需求,在本项目 BIM 应用如下:方案比选、虚拟病房样板间设计、装饰造价管控。具体应用如下:

## 2.1 方案比选

### ■ 名医堂方案比选

根据拟定的材料颜色,利用 BIM 对各种颜色进行搭配。通过 BIM 实施渲染功能,对名医堂的候诊厅以及走道部分由浅至深做了四套方案,通过方案比选最终确定以第三套方案为参考方案进行材质选择。

**第一套方案**

候诊厅

走道

**第二套方案**

候诊厅

走道

**第三套方案**

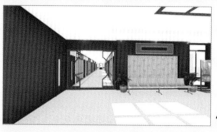

候诊厅　　　　　　　　　　　　　　走道

**第四套方案**

候诊厅　　　　　　　　　　　　　　走道

名医堂方案比选

## ■ 护士站方案比选

　　根据市场上的材质,将不同材质在护士站后墙产生的效果基于 BIM 形式表达,通过效果图的比选,最终院方选择第四种方案。

0308-20 象牙玫瑰

1531-20 浅驼色

C922-60 白檀

S108-60 帝亘司白枫

护士站方案比选

### ■ 电梯厅方案比选

#### （1）扶手去留设计

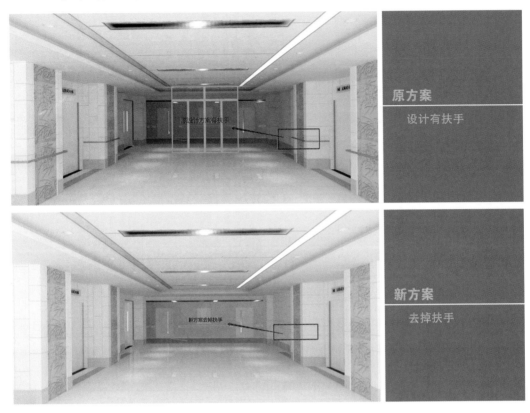

扶手去留设计比选

#### （2）电梯厅墙面设计

电梯厅墙面方案比选

## （3）电梯厅踢脚设计

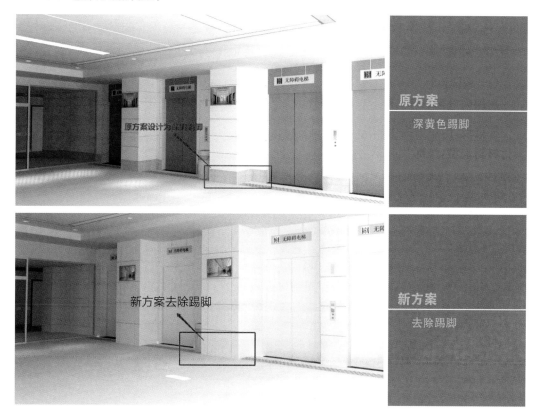

电梯厅踢脚方案比选

## 2.2 虚拟病房样板间设计

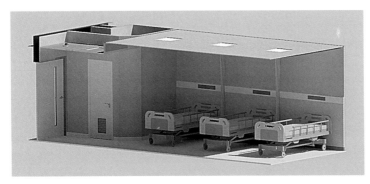

BIM 虚拟病房样板间

在医院建设中,病房及医院护理单元是重要的组成部分,是病人住院的起居所在,且其空间设计施工具有可复制性,因此病房样板间的建设显得尤为重要。往往装饰设计单位设计深度不够无法供领导决策使用,所以为了确认效果,在现场按照 1:1 做真实的样板间,一旦效果不好,只能拆掉重建,劳民伤财,少则几十万,多则几百万。利用 BIM 技术进行虚拟样板间设计,事先建模策划,可以实现项目的可逆性减少实体样板间的浪费!

（1）地面设计
病房内地面材料、功能要求节点确认

根据设计,甲方提供病房使用功能说明,以方便对地面功能区划分,针对不同功能区进行材料选型,细部节点深化。

病房走道地面PVC材料两侧分缝

地面原方案
病房走道地面材质为 PVC,两侧分缝

地面设计比选

**方案修改**：原设计地面 PVC 地面靠墙边有色条分割，现在做整面无分割。

（2）病房门探视窗口设计

利用 BIM 技术对病房探视窗口的尺寸及高度进行设计。

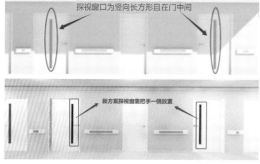
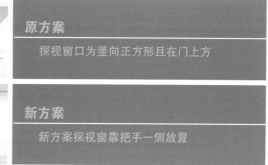

病房门探视窗口比选

（3）病房吊顶设计

基于 BIM 模型确定：是否有装饰石膏板造型；照明设备的位置；输液吊杆及滑道、空间分隔带滑道与病床的位置关系；是否需要固定医疗设备，如需要增加吊顶加固方案。

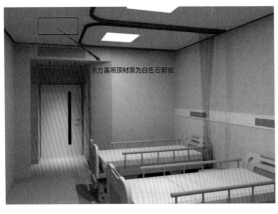

病房吊顶方案比选

（4）卫生间排版设计

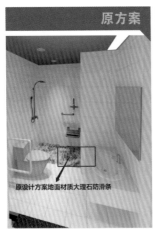

确认墙面瓷砖、颜色、尺寸、排布，墙角处踢脚节点、墙面强弱电终端定位、固定在墙面上的支架定位。

基于 BIM 虚拟建造，卫生间原本打算做的大理石防滑条与结构碰撞，讨论后决定取消大理石防滑条，改为全铺白色防滑瓷砖。

卫生间方案比选

## 2.3 装饰造价管控

南京市溧水区中医院异地新建项目室内装修引入 BIM 技术，利用鲁班土建等软件导出模型的工程量清单，根据导出的清单以及挂接的江苏省建设工程工程量计价软件，进行费用调整、参数设定，最后确定出项目的工程造价，得出两种方案的不同造价，为业主提供多种选择。

我们导入计价软件，分析其中相关费用组成，调整人工费调增、材料费的价差调整，按合同规定内容设定相关费用费率，分析综合单价，汇总形成整个项目的工程造价。项目造价的确定，运用了 BIM 建模技术，较为准确地确定出项目的清单工程量，且具有方便快捷、可视化、三维渲染、碰撞检查等优点。

■ 卫生间不同方案造价对比

方案一

| | 项目 | 单位总价（元） | 单项总价（元） |
|---|---|---|---|
| 墙面 | 300 mm×600 mm 白色瓷砖 | 16 052.538 4 | 16 052.538 4 |
| 楼地面 | ① 防滑地砖 | 6 677.656 8 | 18 183.461 15 |
| | ② 大理石地砖 | 6 677.656 8 | |
| 吊顶 | ① 石膏板吊顶 | 4 560 | 5 400 |
| | ② 铝板吊顶 | 840 | |
| 工程总价 | | 39 635.999 55 元 | |

方案二

| | 项目 | 单位总价（元） | 单项总价（元） |
|---|---|---|---|
| 墙面 | 300 mm×600 mm 白色瓷砖 | 16 052.538 4 | 16 052.538 4 |
| 楼地面 | 防滑地砖 | 7 815.729 6 | 18 970.628 17 |
| 吊顶 | ① 石膏板吊顶 | 2 204 | 3 044 |
| | ② 铝板吊顶 | 840 | |
| 工程总价 | | 35 367.166 57 元 | |

## ③ BIM 应用分析

　　本项目在装饰设计阶段引入 BIM 技术后，通过搭建各专业的 BIM 模型，甲方、设计师和施工方能够在虚拟的三维环境下方便地发现设计中的碰撞冲突，从而大大提高了设计能力和工作效率。

## 3.1　价值分析

**虚拟样板间的优势：**

① BIM 三维可以立体展现图纸信息，可以提供所有图纸、外界信息参数等。

② BIM 能够从不同角度展现立体效果，从而剖析整个平面图。

③ BIM 能够更加直观地展现图纸上的信息量。

④ BIM 能够展现出各专业（建筑、结构、机电）之间的协同关系。

⑤ 对于复杂的节点出三维图指导施工。

### 3.1.1　借鉴及指导意义

在本项目实施过程中发现了很多问题,通过 BIM 技术我们解决了大部分问题,我们将此次装饰工程中的问题汇总并编制 BIM 咨询报告,为今后的医院工程设计提供了借鉴,避免类似问题的发生。

南京市溧水区中医院异地新建项目室内装修设计

**BIM** 咨询报告
TSY(咨)2017-0009-LSZYC-01

南京市溧水区中医院异地新建项目室内装修设计

**BIM** 咨询报告
TSY(咨)2017-0015-LSZY-02

### 3.1.2　经济效益分析

"样板引路"是施工质量控制和造价控制的一项重要管理手段,通过样板可以让施工作业人员明白施工作业要点和质量标准。尤其是在进行精装修样板施工时,由于色彩、选材和排布不能满足设计师和业主的要求,往往需要进行多次样板间"施工—拆除—重建",这种情况不但会提高项目成本,也浪费大量建筑材料,与绿色施工背道而驰。

本项目采用了虚拟样板间设计,替代传统方式的施工样板。利用 BIM 技术对墙、地及吊顶进行深化设计,直至装饰装修方案满足业主需求,最后施工真实的样板间。减少施工样板的浪费,通过虚拟样板间为本项目间接节省 260 万元,即取得很好的经济效益,又减少了材料的浪费,实现绿色施工。

## 3.2　BIM 不足之处

在此次实施过程中,我们发现 BIM 虚拟样板间也有一定的缺陷——不能表现一些工序完工后的真实外观效果。但是施工中的多数样板均可以利用 BIM 虚拟样板间代替和验证,进而在保证管理效果的前提下降低项目成本。

## 4　BIM 应用体会

通过本项目实施,我们发现 BIM 虚拟样板间对项目成本控制有很大的帮助。BIM 应用不止于此,随着 BIM 技术普及发展,众多优秀的医院案例将通过 BIM 模型(医疗专项、特殊医疗区域等族库)的形式向大家呈现,让更多的医院建设者学习及借鉴!

## 5　漫游展示

BIM 虚拟漫游可以直观展现图纸设计深度并及时发现设计不足,提高业主决策水平。

中庭漫游

## 参考文献

[1] 姚守俨,韩玉辉.BIM 技术在"四算对比"和"虚拟样板"领域中的应用[C].中国建筑 2013 年技术交流会论文集,2013.

（张才军　张　涛　姚　超）

南京南部新城医疗中心效果图

# 第六章
# BIM技术在医疗建筑幕墙外窗中的应用
## ——江苏省人民医院、南京南部新城医疗中心

### 项目概况

　　建筑幕墙外窗是建筑进行自然呼吸的窗口，也是体现建筑风格和灵魂的载体。 医疗建筑作为公共建筑的一种特定的形式，其开启窗除了满足通风、降低室内微生物的密度、净化空气的目的外，还需要兼顾医疗建筑特殊的安全性和建筑效果的美观性，因此开窗的形式、大小、位置等就显得尤为重要。 在幕墙未广泛采用的20世纪八九十年代前，医疗建筑通常采用点窗的形式，开启方式多采用外平开窗和推拉窗，并且进行限位以保证安全，开启尺寸15～25 cm，保温、隔声和气密性较差，限位后通风效果也不好。 随着建筑幕墙的快速发展，医疗建筑采用幕墙的情况越来越多，开启形式也更加丰富多样。 建筑幕墙外窗开启的方式主要包括：推拉窗、平开窗（内开与外开）、上悬窗（内开与外开）、下悬窗（内倒与外倒）、中悬窗、内开内倒窗、平行平推窗等。

# 1 建筑幕墙外窗族库示范

| 序号 | 001 |
| --- | --- |
| 名称 | 推拉窗 |
| 尺寸 | 2 100 mm×2 400 mm |
| 材质 | 铝合金、玻璃 |

| 序号 | 002 |
| --- | --- |
| 名称 | 外平开窗 |
| 尺寸 | 1 000 mm×1 600 mm |
| 材质 | 铝合金、玻璃 |

| 序号 | 003 |
| --- | --- |
| 名称 | 内平开窗 |
| 尺寸 | 1 000 mm×1 600 mm |
| 材质 | 铝合金、玻璃 |

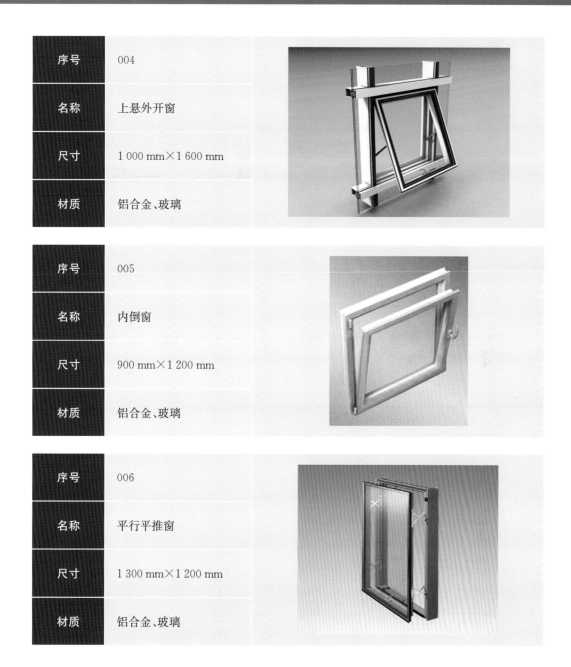

| 序号 | 004 |
| --- | --- |
| 名称 | 上悬外开窗 |
| 尺寸 | 1 000 mm×1 600 mm |
| 材质 | 铝合金、玻璃 |

| 序号 | 005 |
| --- | --- |
| 名称 | 内倒窗 |
| 尺寸 | 900 mm×1 200 mm |
| 材质 | 铝合金、玻璃 |

| 序号 | 006 |
| --- | --- |
| 名称 | 平行平推窗 |
| 尺寸 | 1 300 mm×1 200 mm |
| 材质 | 铝合金、玻璃 |

## 2 建筑幕墙外窗 BIM 应用介绍

### 2.1 建筑幕墙常用外窗的功能要求及设计

（1）推拉窗

推拉窗就是窗扇能在滑轨上推动打开的窗户，分左右、上下推拉两种。优点是无论在开关状态下均不占据室内外空间，开启灵活，外观美丽、价格经济、密封性较好，构造也较为简单。窗扇的受力状态好、不易损坏。配上大块玻璃，既增加室内的采光，又改善建筑物的整体形貌。

名称：推拉窗
尺寸：2100X2400
材质：铝合金及玻璃
系统：建筑外围护系统
开启方式：手动平移
使用案例：江北医院病房

推拉窗

（2）平开窗（内开、外开）

平开窗是一种把合页安装在门窗的侧面，可以向外也可以向内开启的窗户，广泛地使用于医疗建筑、写字楼、住宅、商业等中高档建筑。平开窗的特点是通风性能优异，实用性强，便于清洁维护，安全性高，防盗效果好，密封性好。

名称：外平开窗
尺寸：1000×1600
材质：铝合金及玻璃
系统：建筑外围护系统
可开启角度：0～90°
用于高层幕墙开窗
使用案例：口腔中心

平开窗（外开）

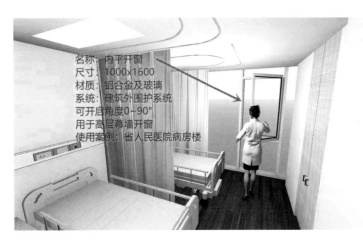

名称：内平开窗
尺寸：1000x1600
材质：铝合金及玻璃
系统：建筑外围护系统
可开启角度0～90°
用于高层幕墙开窗
使用案例：省人民医院病房楼

平开窗（内开）

**具体案例**

南京鼓楼医院南扩项目于 2004 年进行扩建,2012 年交付使用,该项目主要由住院、门诊、急诊、医技四个区域组成,外立面单元式幕墙标准模数为:宽度 1.3 m,高度为一个层高 4.8 m、4.2 m、3.5 m,主要由三个层次组成的,凹窗、凸窗,再加一个悬挂外面的穿孔铝板。凹窗为竖向垂直的平面,凸窗是在凹窗平面龙骨的基础上,向平面外垂直延伸 400 mm 形成的空间体系。在凹窗处设置开启既影响外立面效果,又因为凸窗的位置而会影响通风效率,利用凸窗的侧面开启通风成了最好的选择,因此该项目外立面凸窗侧面广泛采用内平开窗,具体特点如下:

① 安全性

a. 开启窗采用内平开的形式,窗扇面板采用内置保温材料的盒式铝板,窗扇采用隔热断桥铝合金型材,窗扇重量轻,强度高。

b. 开启扇净宽度小于 300 mm,开启角度小于 90°,防人员坠落,安全性高。

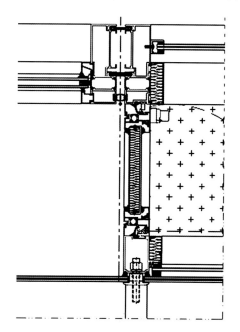

内平开窗示意图

② 视觉效果

a. 开启窗位于凸窗两侧且位于凸窗玻璃后侧,无论开启与关闭对外立面效果几乎无影响。

b. 平开窗合页采用隐藏式,室内不可见,观感效果好。

c. 开启扇铝合金执手与室内型材、面材可视面同为白色,效果统一。

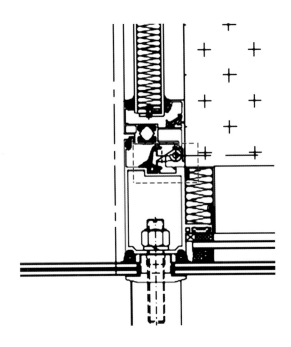

隐藏式合页

③ 使用功能

a. 凸窗双侧开启形成对流通风,通风效果好。

b. 开启扇位于凸窗的侧边向内开启不占用室内的使用空间,执手高度位于 1.5 m 高位置,操作灵活,开启方便。

④ 物理性能:开启扇采用双道密封,中间立式胶条,角部整体式胶条形成高落差排水通道,气密性能、水密性能良好。

(3)上悬窗(内开、外开)

上悬窗是指合页(铰链)装于窗上侧,向内或向外开启的窗。外开上悬窗是悬窗的一种,和其他悬窗一样属于平开窗系。由于窗规范并未能提及内开上悬窗,所以通常说的上悬窗,默认是指外开上悬窗。上悬窗的特点是通风性能好,安全性能佳,实用性强,密封性能好。

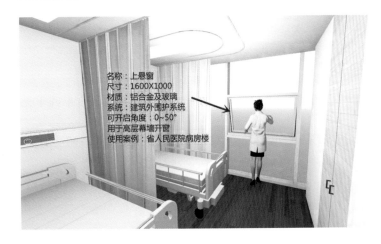

上悬窗

**具体案例**

　　江苏省人民医院西扩项目及南部新城医疗中心项目幕墙设计中基本全部采用上悬外开窗。

　　江苏省人民医院西扩项目主要由住院、门诊、急诊等区域组成,外立面以石材幕墙为主,并未大面积采用玻璃幕墙,因此玻璃幕墙以带状、点状及区块的形式分布于各区域。开启窗均采用滑撑式上悬外开的形式,宽度 1.0 m、1.25 m,高度 1.0 m、1.2 m、2.3 m 等多种形式。

　　南部新城医疗中心项目玻璃幕墙涵盖了石材洞口点窗,立面连续的玻璃幕墙及横向带型幕墙窗等多种形式,所有开窗部位均采用上悬外开窗的形式。

　　两个项目开启窗特点如下:

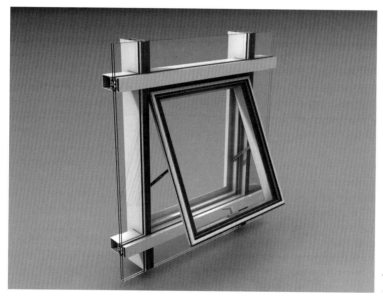

上悬窗开启效果图

　　① 安全性

　　a. 开启窗面板采用中空钢化玻璃且玻璃四周设置有黑色铝合金安全护边,可防止玻璃因结构胶可能失效而导致的脱落。

　　b. 窗扇型材与窗框型通过左右两个不锈钢滑撑连接,且配有风撑,连接安全可靠。

　　c. 开启扇的开启角度不大于 30°,开启距离不大于 300 mm,防人员坠落,安全性高。

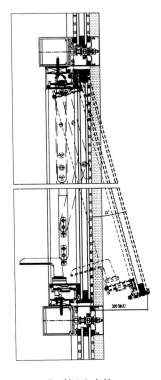

② 视觉效果

a. 开启扇推出后仍与幕墙立面呈一定角度,通常小于 30°,侧面看为三角形,视觉效果较为常规。

b. 平开窗合页采用隐藏式,室内不可见,观感效果好。

c. 开启扇铝合金执手与室内型材可视面同色,效果统一。

上悬开启窗节点图

③ 使用功能

a. 上悬窗防雨效果好,开启后形成坡度有利于雨水排出,通常小雨不关窗也不会渗漏。

b. 上悬窗因开口位于下部,通风效果相比其他开启形式要弱一些,但通过增加开启窗数量等方式也可满足通风要求。

c. 开启窗尺寸适应性强,承重力高,大部分规格的开启窗均可采用上悬窗。

④ 物理性能

a. 开启扇采用双道三元乙丙密封胶条,通过挤压变形形成弹性密封,能有效保证气密性能和水密性能。

b. 开启扇上口设有批水板,开启扇型材设计有排水构造的凹槽,少了金融开口腔体的雨水可以通过凹槽顺利排出。

(4) 下悬窗(内倒、外倒)

下悬窗的合页(铰链)装于窗下侧,向室外或室内方向开启的下悬窗。可向外或向内开启,通常向内开启的情况较多,向外开启较常用于有排烟要求的窗户,可安装电动开启装置并与消防系统进行联动。下悬窗的特点是:通风性好,安全性能佳,实用性强,密封性能好。

名称：内倒窗
尺寸：900×1200
材质：铝合金及玻璃
系统：建筑外围护系统
可开启角度：0~15°
使用案例：江北国际医院

内倒窗

## 具体案例

南京鼓楼医院江北国际医院位于江北新区国际健康城核心区，建筑外立面主楼采用双层幕墙，外侧为遮阳及装饰棱形百叶，内侧为层间铝板和带型幕墙窗。裙楼单层幕墙，层间带凹槽的造型铝板，带型幕墙窗。主裙楼窗的开启方式均为内倒窗。内倒窗宽度900 mm，高度1 200 mm。

南京鼓楼医院江北国际医院效果图

内倒窗开启效果图

① 安全性

a. 开启窗面板采用中空钢化玻璃且玻璃四周设置有黑色铝合金安全护边,可防止玻璃因结构胶可能失效而导致的脱落。

b. 窗扇型材与窗框型通过下边铝合金定制合页连接,上部设有限位风撑,向内开启,不存在开启扇坠落风险。

c. 开启扇开启限制为 15°,开启距离不超过 200 mm,防人员坠落,安全性高。

② 视觉效果

a. 常规开启扇内开因此框在外侧,相对于上悬外开窗外立面多出窗框型材,略显复杂。但可通过幕墙系统构造设计和型材颜色选择,可使得外立面效果更加简洁。

b. 平开窗合页采用隐藏式,室内不可见,观感好。

c. 开启扇铝合金执手与室内型材可视面同为白色,效果统一。

③ 使用功能

a. 防雨效果较好,开启后形成向外的坡度有利于雨水排出,通常小雨不关窗也不会渗漏。

b. 内倒窗因开口位于顶部,不会阻碍排烟,因而用作排烟窗效果较好。

c. 内倒开启窗执手安装在窗扇侧边 1 500 mm 高度为宜,开启灵活,操作方便。

④ 物理性能

a. 开启扇采用双道密封,中间立式胶条,角部整体式胶条形成高落差排水通道,气密性能、水密性能良好。

(5) 中悬窗

中悬窗是指窗轴装在窗扇的左右边梃的中部,沿水平轴旋转的窗。中悬窗通常上半扇向室内开启,下半扇向室外开启。向内开启部分占用室内空间,故窗扇不宜过高过宽,设计时可上下或左右数扇为一樘,唯最下扇转向室内部分应比人高。从构造上可分靠框式和进框式两类。常用作楼梯、走道高窗和门上亮窗,以及工业建筑的侧窗或气窗。面积较大时应装传动装置,常见的有拉绳式、蜗杆式、链盘式、电动式等。中悬窗玻璃损耗少,雨水不易飘入,管理方便,装磨砂玻璃时可兼作遮阳。

名称:中悬窗
尺寸:1640X1540
材质:铝合金及玻璃
系统:建筑外围护系统
可开启角度0~45°
用于幕墙系统
使用案例:江北医院

中悬窗

（6）内开内倒窗

平开内倒窗是可以通过旋转窗子的把手，带动窗子内部的联动五金机构，而使窗处于锁紧（把手垂直向下）、平开（把手水平）、内倒（把手垂直向上）三种不同位置的窗子。其兼有内平开窗和下悬内倒窗的优点，在高档住宅、写字楼应用较为广泛。

（7）平行平推窗

平推窗是指安装有平推铰链，能将窗扇沿所在立面法线方向平行开启或关闭的窗户，窗框与窗扇之间每边均安装有平推窗铰链，分单 X 型和双 X 型，根据窗扇的大小、重量等进行选择设计。平行平推窗的特点是：通风性好，安全性能佳，视觉效果好，密封性能好。

名称：平行平推窗
尺寸：1300x1200
材质：铝合金及玻璃
系统：幕墙系统
开启方式：手动平移
使用案例：鼓楼检验科

平行平推窗

具体案例

南京鼓楼医院南扩项目门诊楼内庭院采用平面的单元式玻璃幕墙、立面通透而简洁。单元的标准模数为宽度 1.3 m，高度 4.2 m，每轴线跨度内设置两樘开启窗，高度 1.2 m，开启扇通过专用平行窗不锈钢滑撑整体向外推出，推出距离 200 mm，具体特点如下：

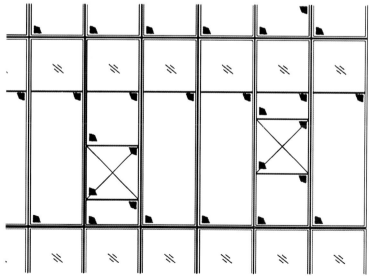

单元式玻璃幕墙

① 安全性

a. 开启窗面板采用中空钢化玻璃且玻璃四周设置有黑色铝合金安全护边,可防止玻璃因结构胶可能失效而导致的脱落。

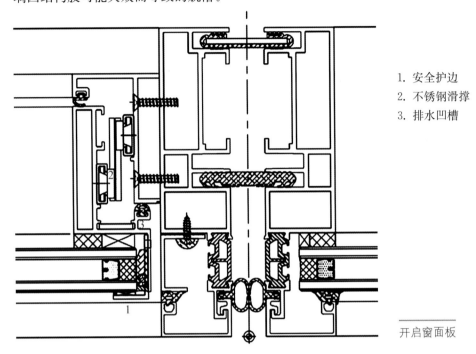

1. 安全护边
2. 不锈钢滑撑
3. 排水凹槽

开启窗面板

b. 窗扇型材与窗框型通过上、下、左、右四个不锈钢滑撑连接,其中上下为单剪刀撑,左右为双剪刀撑,安全可靠。

c. 开启扇推出距离为 200 mm,防人员坠落,安全性高。

② 视觉效果

a. 开启扇推出后仍与幕墙立面平行,对外立面影响较小,视觉效果好。

b. 平开窗合页采用隐藏式,室内不可见,观感效果好。

c. 开启扇铝合金执手与室内型材、面材可视面同为白色,效果统一。

③ 使用功能

a. 便于消防排烟,因为开启扇周围有空隙,不会阻碍排烟。

b. 利于通风,因为开启扇四周都有空隙,进出空气可方便形成循环,增大换气量和新风量。

④ 物理性能

a. 开启扇采用双道三元乙丙密封胶条,通过挤压变形形成弹性密封,能有效保证气密性能和水密性能。

b. 开启扇上口设有批水板,开启扇型材设计有排水构造的凹槽,少量进入开口腔体的雨水可以通过凹槽顺利排出。

## 2.2 建筑幕墙外窗的材质选择

建筑幕墙外窗的材质主要包括:木窗、铝合金窗、钢窗、塑钢窗、铝木复合窗等多种形式。医疗建筑幕墙外窗的材质选择和医院这个特殊使用环境是密不可分的。医疗用窗的材质最重要的要求就是耐用,防破损,节能环保,无有害物质挥发,同时兼顾外立面效果。

相比较木窗、塑钢窗、铝木复合窗、钢窗等铝合金窗在建筑幕墙中应用最为广泛,能最大限度地满足医院的要求。

铝合金窗具有美观、密封、强度高,广泛应用于建筑工程领域。在家装中,常用铝合金门窗。断桥铝合金隔热门窗的突出优点是重量轻、强度高、水密和气密性好、防火性佳,采光面大,耐大气腐蚀,使用寿命长,装饰效果好,环保性能好。无须油漆和维护保养,长新不旧,免除维护保养麻烦。

钢窗通常在有防火要求的部位进行设计采用,近年来,随着材料工艺技术的进步,新型钢型材窗在隔热、密封、防锈、表面处理等多方面取得了较大的进步。

## ③ 不同开启窗通风量比较

以宽、高均为 1 m 的开启窗为例,进行通风效果比较:

① 推拉窗:其面积应按开启的最大窗口面积计算,有效通风面积为 0.5 m²;

② 平开窗(内外开):通常开窗角度大于 70°,其面积应按窗的面积计算,有效通风面积为 1 m²;

③ 上悬窗、下悬窗(内外倒):

当开窗角度大于 70°时,其面积应按窗的面积计算,有效通风面积为 1 m²;

当开窗角度小于 70°时,其面积应按窗的水平投影面积计算,有效通风面积为

$$S = 1 \times \sin\alpha$$

$\alpha$ 为开启角度;通常上悬窗和下悬内倒窗为 30°及 300 mm 取小值,平开窗为 90°,外倒窗大于 70°。

上悬窗有效通风面积为 $S = 1 \times \sin30° = 0.5$ m²,0.3 m² 取小值为 0.3 m²。

④ 平推窗:其面积应按窗 1/4 周长与平推距离的乘积计算,且不应大于窗面积。推出距离按 200 mm 计算,有效通风面积为 $S = 0.25 \times 4 \times 0.2 = 0.2$ m²。

因此通风效果由高到低依次为:平开窗>推拉窗>悬窗>平推窗。

## ④ 建筑幕墙外窗设计、施工及维护过程中 BIM 技术的应用与建议

### 4.1　方案设计阶段

BIM 技术具有可视化、协调性、模拟性、优化性、可出图五大特点,对于建筑幕墙外窗方案设计、方案调整、方案比选、性能分析具有重要意义。

建筑幕墙外窗作为建筑呼吸的窗口,在美观要求得到保障的同时,承重力、密封性能、可开启灵活性等方面要求也非常高。幕墙立面形式有明框、隐框、半隐框等多种形式,这就造成幕墙外窗四周的窗框,窗扇型材为了适应幕墙形式往往不是完全一致的,因

此窗框及窗扇拼角处防水及密封处理难度大,传统设计方法中容易造成疏漏。通过 BIM 进行建模模拟,可发现窗框、窗扇拼角处存在的问题,在设计阶段可以优化型材的断面、胶条及五金的槽口,对方案调整、比选、性能分析具有相当大的辅助作用。此外,通过 BIM 建模,还可以实现窗框与窗扇之间五金件安装、定位、碰撞干涉,开启模拟等情况,提前发现问题,可使方案设计合理性、可加工性、可操作性得到充分保障。

## 4.2　施工阶段

医疗建筑开启窗种类和数量多,窗框与窗扇配合较为精密,开启窗加工误差稍大就会导致安装出现问题,影响开启灵活性,甚至无法正常开启。竖向与横向型材断面不同的开启窗组装,工艺复杂,传统的设计方式在具体操作过程中存在加工图设计难度大、出图量大、没有五金件安装定位孔,加工图不利于工人理解、出错率高、精确度难以保障等问题;加工图多为二维图,生产工厂工人对加工图难以理解,五金件安装定位基本靠试配,没有系统而精确的加工图指导,生产过程中容易出现差错,导致型材报废。

通过 1∶1 的实体建模,能够有效保证窗框窗扇角部拼合及窗框窗扇的连接配合,能够保证五金件的定位与连接,放样精确度高,为加工工艺出图提供指导。BIM 建模是一种参数化建模,模型中就可以得到窗框、窗扇的实际加工工艺,工厂工人可以通过模型清晰地得到每种窗的组装图及每根窗扇、窗框的精确加工图。现场施工人员进行开启窗安装时,可参照窗扇、窗框的编号及五金件的定位,保证安装的准确性与精确性。

## 4.3　开启窗使用于维护阶段

幕墙使用年限久且开启窗使用频繁,使用过程中难免出现五金件松动、开启执手脱落、开启不灵活、玻璃破碎等情况,开启窗的维修是幕墙设计必须考虑的问题。每个项目甚至同一个项目不同类型的开启窗五金件都不同,一旦出现问题,维修更换及查找五金型号麻烦,通过 BIM 建模手段,针对每个项目的所有开启窗的信息都将存入 BIM 信息模型中,大大降低了幕墙维修的难度。

比如说某一樘窗玻璃自爆且执手脱落丢失,通过 BIM 模型可以很快找到这扇开启窗,通过开启窗内部的参数信息,便可轻易调出玻璃面板、五金件的型号、规格、颜色、生产厂家等,随时订购,随时更换。

## 4.4　医疗建筑幕墙外窗形式建议

上述四个医疗建筑外窗案例中涵盖了大部分的开窗形式,其中鼓楼医院项目巧妙地利用凸窗两侧的位置开启通风,安全性能和美观性都比较好。一些建筑采用折线三角形的凸窗,利用凸窗的一个边进行开启通风也是比较好的选择。从通风角度考虑,大于 70°平开窗最优,其次是推拉窗,小于 70°的平开窗或悬窗、平推窗。从保证建筑效果美观性、完整性考虑,隐蔽式的内平开窗最优,其次是平推窗、悬窗、外平开窗、推拉窗。

2015 年以来陆续出台的幕墙门窗规范和相关文件规定高层建筑不得采用外平开窗,医疗建筑二层以上不得采用玻璃幕墙,本文中南京鼓楼医院江北国际医院设计过程中二层以上均设计为横向条状的幕墙窗。现在很多医疗建筑在规范的约束下,很多采用类似的建筑外立面形式。因此，如果采用上悬窗需要更多考虑横向遮阳或层间横向造型对开启窗下口有无遮挡而影响通风效果。

综合上述，后续医疗建筑设计中上悬窗因其安全性、通风效果较好、立面及开启尺寸适应性较强、经济性好等原因仍将广泛采用，如果建筑设计效果较为丰富，可将小尺度平开窗融入建筑设计中，可起到较好的通风、安全及视觉效果。下悬(内倒、外倒)窗较为适合有排烟要求的开启窗。平推窗视觉效果好但造价比较高，适合与大面积玻璃幕墙或带型窗开启后对立面整洁度要求较高的建筑立面上。推拉窗因隔声、隔热、气密性较差，不建议采用。

（许云松　李　维）

江苏省人民医院效果图

# 第七章
# BIM技术在医疗区域内门中的应用

## 医用门简介

　　随着我国国民经济发展，医院建设发展迅猛，广大患者对医疗环境的要求不断提高。从进入医院的时刻起，患者和陪同求医的人员随着院方所设计的就医流程，不停转换在各个功能空间之中。从门诊大厅到诊疗室、从检查区域到治疗区域、有的需要到特种医疗设备检查区域、有的还需要进入病房等等。而我们的医务工作者工作生活在医院这一功能复杂、空间多变的环境中。这就对医院建设者提出了更高的要求，即：合理的医疗布局和快捷的医疗流程、缩短患者整体就诊时间，医疗环境要温馨舒适、自然轻松，能使患者身心得到安慰。因此，医院装修设计时，在保证医疗使用功能的前提下，要考虑患者的心理需求，提供高质量的服务，营造良好的诊疗氛围，也给我们医务工作者提供一个流程明晰合理、环境温馨自然的工作场所。如此，在装修设计时，各种医用门的功能及设计就是一个非常重要的课题，是我们的设计方和医院建设者需要重点关注的元素之一。

# ① 医用门 BIM 族库示范

| No | 名称 | 门型 | 开关方式 | 适用范围 | 门框外径尺寸 宽(mm) | 门框外径尺寸 高(mm) | 门洞口尺寸 宽(mm) | 门洞口尺寸 高(mm) | 门框与洞口墙体固定方式 | 门扇厚度(mm) | 观察窗尺寸 宽(mm) | 观察窗尺寸 高(mm) | 观察窗式样 | 百叶窗外径 宽(mm) | 百叶窗外径 高(mm) | 门型材质 | 门框材料厚度(mm) | 门扇材料厚度(mm) | 标准五金配置 | 特性及功能 |
|---|---|---|---|---|---|---|---|---|---|---|---|---|---|---|---|---|---|---|---|---|
| 1 | 标准医用门 | 单开门 | 手动平开 | 诊室、办公室、茶水间等 | 960 | 2280 | 1000 | 2300 | | 40 | | | | | | | 1.5 | 0.7 | 标准插芯平口门锁体∥型不锈钢分体把手/不锈钢平合页/不锈钢磁力门板把锁芯 | 门框采用一体式成型结构,鱼刺形镶嵌式插式缓冲气密封条/不锈钢平合页保证足够的强度,鱼刺形镶嵌式缓冲气密。隔音、气密(隔声Rw=35dB,保温K=2.8W·m²k),也可配置W400×H300小观察窗或者圆形观察窗 |
| 2 | 标准医用门 | 单开门 | 手动平开 | 病房 | 1210 | 2280 | 1250 | 2300 | | 40 | 200 | 800 | | | | | 1.5 | 0.7 | 标准插芯平口门锁体∥型不锈钢分体把手/不锈钢平合页/不锈钢磁力门吸/把锁芯 | 门框采用一体式成型结构,门板采用三面无缝微物理吻合结构,鱼刺形镶嵌式缓冲气密条。杜绝潮湿空气密/不锈钢平合页保证足够的强度(隔声Rw=35dB,保温K=2.8W·m²k),配合尼龙齿型铝型材保证环境空气的流通,配置龙骨叶叶铝型材实现室外急救开启 |
| 3 | 标准医用门 | 子母门 | 手动平开 | 病房 | 1260 | 2280 | 1300 | 2300 | | 40 | 200 | 1400 | | | | | 1.5 | 0.7 | 标准插芯平口门锁体∥型不锈钢分体把手/不锈钢平合页/标准磁力门吸 | 门框采用一体式成型结构,门板采用三面无缝微物理吻合结构,鱼刺形镶嵌式缓冲气密条。保温K=2.8W·m²k,配合尼龙齿型铝型材保证环境空气的流通,配置龙骨叶叶铝型材实现室外急救开启 |
| 4 | 标准医用门 | 单开门 | 手动平开 | 卫生间/污洗间 | 860 | 2280 | 900 | 2300 | | 40 | 200 | 800 | | 450 | 90 | | 1.5 | 0.7 | 标准卫浴插芯平口门锁体∥型不锈钢分体把手/不锈钢平合页/卫浴锁芯 | 门框采用一体式成型结构,门板采用三面无缝微物理吻合结构,鱼刺形镶嵌式缓冲气密条。杜绝潮湿空气密/不锈钢平合页保证足够的强度(隔声Rw=35dB,保温K=2.8W·m²k),配合尼龙齿型铝型材保证环境空气的流通,系统实现急救开启 |
| 5 | 标准医用门 | 单开门 | 手动平开 | 残障人专用卫生间 | 1060 | 2280 | 1100 | 2300 | | 40 | 200 | 1400 | | 450 | 90 | 冷轧热镀锌钢板 | 1.5 | 0.7 | 标准插芯平口门锁体∥型不锈钢分体把手/不锈钢平合页/标准磁力门吸 | 门框采用一体式成型结构,门板采用三面无缝微物理吻合结构,鱼刺形镶嵌式缓冲气密条。保温K=2.8W·m²k,可配置大尺寸玻璃观察,通道分区管理 |
| 6 | 标准无障碍门 | 双开门 | 手动平开 | 走廊/通道 | 1760 | 2280 | 1800 | 2300 | 门框与墙体膨胀螺栓固定后混凝土灌浆镶入加固 | 40 | 200 | 1400 | 单层6mm钢化玻璃45°对接阳极氧化斜面铝型材 | | | | 1.5 | 0.7 | 标准插芯平口门锁体∥型不锈钢分体把手/不锈钢平合页/标准磁力门吸 | 门框采用一体式成型结构,门板采用三面无缝微物理吻合结构,"气窗"鱼刺形镶嵌式缓冲气密条。保温K=2.8W·m²k,可配置大尺寸玻璃观察,通道分区管理,系统实现急救开启 |
| 6 | 标准无障碍平移门 | 单开门 | 手动平移 | 特护病房 | 1260 | 2280 | 1300 | 2300 | | 40 | 200 | 800 | | | | | 1.5 | 0.7 | 标准MSDK滚珠轨道系统/标准425不锈钢拉手 | 门框采用一体式成型结构,自动关闭,无碰撞缓冲。减少关门时的占用空间,提高通行效率,杜绝老旧病房行动不便者的通行 |
| 7 | 标准无障碍自由门 | 单开门 | 双向平开自由 | 病房卫生间/无障碍卫生间 | 960 | 2280 | 1000 | 2300 | | 40 | 200 | 800 | | 450 | 90 | | 1.5 | 0.7 | 标准天地簧闭门器/标准上插锁/标准425不锈钢拉手 | 门框采用一体式成型结构,门板采用三面无缝微物理吻合结构,自动关闭,无碰撞环境。地面的天轴实现门的反向自由开启,配合人字形缝通风自叶保持环境空气的流通 |
| 8 | 标准无障碍通道自由门 | 双开门 | 双向平开自由 | 走廊/通道 | 1760 | 2280 | 1800 | 2300 | | 40 | 600 | 1600 | | | | | 1.5 | 0.7 | 标准天地簧闭门器/标准上插锁/标准425不锈钢拉手 | 门板侧面圆形/方形一体成型结构,轻松实现双向开启。配大玻璃观察,也可配置各种门禁系统实现自由管理 |
| 9 | 标准无障碍折叠门 | 子母门 | 手动折叠开启 | 无障碍病房及卫生间 | 1060 | 2280 | 1100 | 2300 | | 30 | | | | 450 | 90 | | 1.5 | 0.7 | 标准MSDK折叠开闭系统+手动紧急开启系统/标准上插锁 | 门门缓冲、折叠开门,更大通行空间,内装璜通方便通行。特轴超长合台自实现缓冲的磁吸胶条,紧急情况下轻触门耳即可安全转门开启 |
| 10 | 标准医用防辐射平开门 | 单开门 | 手动平开 | 核医学科、DSA、CT、DR等 | 960 | 2180 | 1000 | 2200 | 门框处特别使用口处理,与墙搭界量≥30mm | 50 | 400 | 300 | | | | | 2.0 | 0.8 | 标准插芯平口门锁体∥型不锈钢分体把手/不锈钢平合页/不锈钢磁力门吸 | 根据医院不同防辐射当量铅在门内衬相应厚度铅板实现防辐射要求,完全达到防护要求 |
| 11 | 标准医用防辐射自动门 | 单开门 | 电动平移 | 核医学科、DSA、CT、DR等 | 1500 | 2200 | 1500 | 2200 | 门框处特别使用口处理,与墙搭界达到100mm | 50 | 400 | 300 | | | | | 1.5 | 0.7 | 标准MSDK重型轨道电动驱动/控制系统 | 根据不同防护当量铅在门内衬相应厚度铅板实现防辐射要求,防止有害射线泄露,使口体全密封运转轻松,可根据医院要求配备右侧开驱动和开启控制系统 |
| 12 | 标准医用自动门 | 单开门 | 电动平移 | 急诊手术/普通手术/检验/病理实验室 | 1500 | 2200 | 1500 | 2200 | 门框与墙体膨胀螺栓固定后混凝土灌浆镶入加固 | 40 | 600 | 400 | 双层平面镀锌钢板6mm钢框化玻璃观窗 | | | | 1.5 | 0.7 | 标准MSDK轨道电动驱动/控制系统 | 可采用外挂或嵌入式安装结构,保持与建筑墙体的美观一致。强特的驱动和轨道系统,使口体运行轻松省力。遇阻反弹,可实现多种无触碰开启控制,实现灵活的密闭要求 |
| 13 | 标准医用自动气密门 | 单开门 | 电动平移 | 洁净手术室/实验室 | 1500 | 2200 | 1500 | 2200 | | 50/70 | 600 | 400 | 双层平面镀锌钢板6mm钢框化玻璃观窗 | | | | 1.5 | 0.8 | 标准MSDK下沉式轨道电动驱动/控制系统 | 可采用外挂或嵌入式安装结构,保持与建筑墙体的美观一致。强特的驱动和轨道系统,在保证开关紧密的同时实现无触碰开启控制,为保证超高级别的洁净环和风气密要求,关闭时轻松实现门扇下沉和内吸13mm向上,配置双面平面视窗可方便观察并防止细菌滋生 |

| No | 名称 | 门型 | 开关方式 | 适用范围 | 门框外径尺寸 宽(mm) | 门框外径尺寸 高(mm) | 门洞口尺寸 宽(mm) | 门洞口尺寸 高(mm) | 门框与洞口墙体固定方式 | 门扇厚度(mm) | 观察窗尺寸 宽(mm) | 观察窗尺寸 高(mm) | 观察窗尺寸 式样 | 百叶窗外径尺寸 宽(mm) | 百叶窗外径尺寸 高(mm) | 门型材质 | 门框材料厚度(mm) | 门扇材料厚度(mm) | 标准五金配置 | 特性及功能 |
|---|---|---|---|---|---|---|---|---|---|---|---|---|---|---|---|---|---|---|---|---|
| 14 | 特种收录装带手动移门 | 子母门 | 手(手动/电)联动平移 手动平移 | 病房 | 1460 | 2280 | 1500 | 2300 | | 40 | 200 | 1400 | | | | | 1.5 | 0.7 | 标准MSDK滚珠轨道系统+天地轴平开门系统/标准上插锁/标准425不锈钢拉手 | 开门半径有限又必须实现较大有效通过大有专用门窗，一侧门扇平移打开。一侧门扇平移打开，同时在平开门门上集成信息标识、呼叫系统，医护人员消耗物品等方便使用情况。（隔声Rw=35dB，保温K≥2.8W/m²·K），同时为便于医护人员随时了解病员情况，可在门扇上增加不同尺寸观察窗，观察窗使用不易积尘的斜面式材料 |
| 15 | 特种二连式平移门 | 双层夹板联动单动平移门 | 双层夹板联动单动平移 | 病房 | 1370 | 内2380 外2160 | 1400 | 2400 | | 30 | 480 | 800 | 单层玻璃斜面型材视窗 | | | 冷轧热镀锌钢板 | 1.5 | 0.7 | 标准MSDK滚珠轨道连动移门系统+标准上插锁/标准425不锈钢拉手 | 特别为门洞受墙体尺寸限制前又必须实现较大有效通过的门专门定制。采用轻量化的壁挂式双层夹板通过联动机构同向平移运行。移门关闭过程中，双层夹板通过联动机构同向平移运行，一气呵成。使门扇夹层、全开平门门，不积尘、卫生。斜面式材视窗，使观察视野更佳。运行静音效果更佳，高耐久使用性使安装后使基本无需日常维护保养 |
| 16 | 特种磁悬浮平移门 | 内藏平移门 | 半自动平移 手动平移 | 病房 | 1230 | 内2680 外2300 | 1260 | 2700 | | 40 | 200 | 1400 | | | | | 1.5 | 0.7 | 标准MSDK磁悬浮移门控制系统+标准上插锁/标准425不锈钢拉手 | 只需很小的力轻拉门扇就能够非常便利的自动开闭。使用非常方便，任何位置静音效果更极佳。特别是针对那些身体比较虚弱的人士。当需要关闭时，轻轻按住停留3秒，即可自动闭合。门扇门闭自动行程，保持全开状态。在门再次开门运行前的次停留或磷磷码停留时全生短暂识别惯性停止，确保无磷磷码停或磷磷码同向停止。当磷磷发生意外事故，方便紧急停电或发生意外时，谁失失去自停，停电状态下，轻轻利用手动反向运行，基本无需日常维护保养 |
| 17 | 特种重症监护单动门 | 双开 | 自动平移/手动平开 | ICU病房 | 2500 | 2500 | 2500 | 2700 | 框口空焊接固定、发泡剂填充 | 45 | 900 | 2200 | 50边框大尺寸玻璃型材门 | | | | | | 标准MSDK轨道自动移门控制系统+手动紧急开启系统 | 平移静音平台，减少开关门时的空间占用，紧急情况或者需要更大有效通过宽度时可将门全部推开打开，提高通过效率。大型玻璃视窗便于医护人员了解病员情况 |
| 18 | 特种疏散逃生自动门 | 四开 | 自动平移/手动平开 | 走廊/疏散通道 | 4000 | 2500 | 4000 | 2700 | 无 | 45 | 880 | 2200 | | | | 铝型材 | | | 标准MSDK轨道自动移门控制系统+手动紧急开启系统 | 平移静音平台，减少开关门时的空间占用，紧急情况或者需要更大有效通过宽度时可将门全部推开，提高通过效率。通透且方便安全通道管理 |
| 19 | 特种疏散逃生自动门 | 单开 | 手动 | 防火分区合用前室逃生通道 | 1200 | 2700 | 1240 | 2740 | | 70 | 1060 | 2560 | 44mm厚框架，全通透大尺寸玻璃门 | | | 断桥铝热压钢型材 | 1.5 | 1.5 | 标准插芯平开口防火锁体/U型不锈钢分体合页/防火闭门器 | 门框及门扇经冷钢材特种钢材料挤压后制成经钢磷片及防火膨胀后阻断截面厚度达到3.0mm，并通过不锈钢片及防火膨胀后阻断截面。44mm厚全尺寸玻璃视窗便于满足门完求同光满足明亮通透的要求 |
| 20 | 特种疏散逃生自动门 | 双开 | 手动 | 防火分区合用前室逃生通道 | 2200 | 2700 | 2240 | 2740 | | 70 | 1060 | 2560 | | | | | 1.5 | 1.5 | 标准插芯平开口防火锁体/U型不锈钢分体把手/特种全钢焊接式合页/防火闭门器 | |
| 21 | 标准甲级防火门 | 单开 | 手动 | 避难间/库房/强弱电间 | 960 | 2280 | 1000 | 2300 | 门框与墙体上膨胀螺栓焊接固定后混凝土灌浆家入加固 | 70 | 320 | 720 | 45°对接钢边框钢 | | | | 2.0 | 1.0 | 标准插芯平开口防火锁体/U型不锈钢分体把手/重型不锈钢平合页/防火闭门器 | 门框采用一体成型材料，门板钢内充填特种高密度矿棉芯的防火门板。门板防火膨胀密封胶条。在保证门扇总锁体钢度同时经过防火密封胶条以来阻断钢材不锈钢以达到识别防火锁封整体合求。并实现与建筑消防联动的轻松对接 |
| 22 | 标准甲级防火门 | 双开 | 手动 | 防火分区设备机房 | 2060 | 2280 | 2100 | 2300 | | 70 | 320 | 720 | 45°对接边框 35mm厚玻璃火渴窗 | | | | 2.0 | 1.0 | 标准插芯平开口防火锁体/U型不锈钢分体把手/重型不锈钢平合页/防火闭门器/防火暗插销 | |
| 23 | 标准乙级防火门 | 单开 | 手动 | 合用前室/楼梯间/强弱电间 | 960 | 2280 | 1000 | 2300 | | 60 | 320 | 720 | 45°对接边框 30mm厚玻璃火渴窗 | | | 冷轧热镀锌钢板 | 1.5 | 0.8 | 标准插芯平开口防火锁体/U型不锈钢分体合页/防火闭门器 | |
| 24 | 标准乙级防火门 | 双开 | 手动 | 合用前室/楼梯间 | 2060 | 2280 | 2100 | 2300 | | 60 | 320 | 720 | | | | | 1.5 | 0.8 | 标准插芯平开口防火锁体/U型不锈钢分体把手/不锈钢平合页/防火暗插销 | |
| 25 | 标准丙级防火门 | 单开 | 手动 | 管道井 | 660 | 1780 | 700 | 1800 | | 60 | | | | | | | 1.2 | 0.8 | 标准插芯平开口防火单合页/不锈钢合页 | |

## 2 医用门族库在功能分析中的应用

### 2.1 医院常用门的功能要求及设计

（1）普通诊室门

标准医用门，如诊疗室门、病房门等，是所有门的类型中对耐用次数要求最高的部分。除了对门框门体的结构有严格的耐用要求外，门框和墙体的连接方式，以及所有的五金配置都要求最高的耐用次数。诊疗室门一般为单扇，可设或不设视窗（参见上文，医用门族库"单开门"）。

普通诊室门

（2）儿科诊室门

可针对儿童患者的需求，将视窗高度尽可能降低，便于开关门的时候能观察到并避免撞到儿童。门扇铰链侧和门锁侧需有防夹手功能。金属锁舌会对儿童造成剐蹭伤害，如有可能，尽量使用天地销门锁。

（3）病房门

病房门是所有门的类型中，对耐用次数要求最高的部分。除了对门框门体的结构有严格的耐用要求外，门框和墙体的连接方式，以及所有的五金配置都要求最高的耐用次数。病房门应设视窗。

① 单扇门

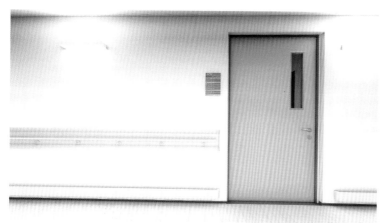

单扇门

② 子母门

子母门

（4）病房卫生间门

　　除了基本要求通风、防潮外，需考虑使用场景，方便行动不便的患者进出，当患者在卫生间内发生紧急情况时，应急人员能够从外面打开反锁的卫生间门。

卫生间门

（5）残疾人卫生间门

门洞尺寸不小于 1 m，其余要求同病房卫生间门。

残疾人卫生间门

（6）无障碍自由门

无障碍自由门，可用于通道、诊室、病房、卫生间等区域，门扇里外开启自如，确保人员的前进方向和门开启方向始终保持一致，达到真正的无障碍通行。如需要，可设玻璃视窗。

无障碍自由门

（7）对开门

双扇等分门体尺寸，可用于通道、会议室等区域，可设或不设玻璃视窗。

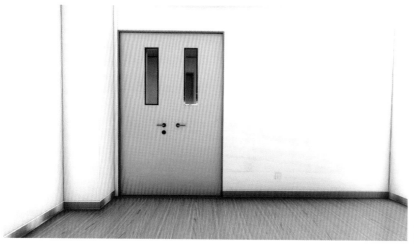

对开门

（8）防火门

防火门按耐火极限分为甲级、乙级、丙级三类，其耐火性能要求分别为 90 min、60 min 和 30 min；按开启方式分常闭防火门、常开防火门，与消防自动报警系统联动。

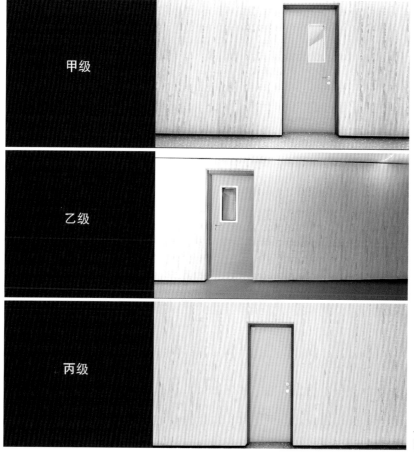

防火门

（9）手术室门

功能需求：自动开闭的平移门，密封，节能保温，避免手接触，可采用脚踏开关或感应开关。

手术室门净宽不宜小于 1.4 m，宜采用设有自动延时关闭装置的电动悬挂式自动平移门。还需满足医疗感控要求，真正做到符合气密性，满足手术室内外压差梯度要求。

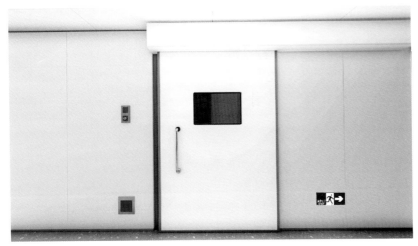

手术室门

（10）ICU 门

功能需求：

① 密闭性：ICU 室会设置成正压或者负压。对门扇的密闭性有一定要求。

② 抗菌性：尽量采用抗菌抑菌材料处理。

③ 静音性：ICU 病室的噪音控制要求很高。白天不超过 45 dB，傍晚不超过 40 dB，夜间不超过 20 dB。要达到如此严格的静音要求，门的隔音性能和开闭的静音性能尤为重要。

④ ICU 入口门禁控制应设置在护士站。

ICU 门

（11）防辐射门

DSA、CT、DR 及术中放疗等设备需要防辐射门，针对各种设备的铅防护计量这里不多作阐述，只对功能需求和设计要求作简单描述。

功能需求：满足铅防护计量，方便病床、人员、设备进出。

设计要求：带门禁系统的手动或自动平移门，可不设置观察视窗，如设，视窗玻璃也要求有相应的防护功能。门体尺寸：宽>1 500 mm，高度>2 300 mm。

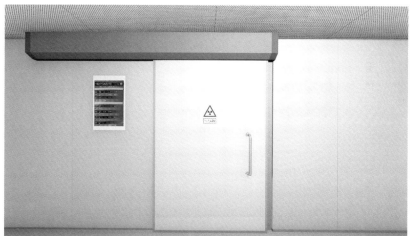

防辐射门

（12）核医学科防护门

核医学科的防护门按功能需求和设计要求由设计人员具体设计。须满足防护计量，方便病床、人员和设备进出。

一般为带门禁系统的自动平移门，可设置观察视窗，视窗玻璃也须满足防护计量要求。

门宽度>1 500 mm，高度>2 300 mm。

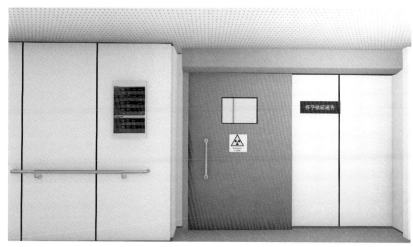

核医学科防护门

（13）磁屏蔽门

一般由专业磁屏蔽公司根据不同品牌 MRI 设备的场地要求进行整体磁屏蔽设计施工，包含磁屏蔽门。

功能需求：满足 MRI 防磁要求，方便病床、人员和设备进出。

设计要求：带门禁系统的手动或自动平移门，不设观察视窗。

磁屏蔽门

## 2.2　医院用门的材质选择和通用工艺要求

医院用门的材质选择和医院这个特殊使用环境是密不可分的。医院用门的材质最重要的要求就是耐用，防破损，节能环保，无有害物质挥发。其实用性大于装饰性。

相比较木质、防火板、人造板材、PVC、钢制等材料，采用钢制面材复合蜂窝材料内衬的门能够最大地满足医院的要求。

首先，钢制门的稳定性好、抗变形能力强、经久耐用。

其次，钢制门的加工工艺和材料决定了它是环保产品，符合绿色建材的要求。

再次，钢制门性价比高。从工程造价和使用性能方面来看，钢制门优势明显。

最后，钢制门喷涂层可以有各种颜色图案供选，增强装饰性并能体现设计师的艺术创造。

钢制门的通用工艺要求：

（1）应选用热镀锌冷轧钢板作为钢制门的面材。

（2）表面涂层应采用银离子抗菌喷涂。

（3）门把手有抗菌处理。

（4）玻璃视窗应采用斜面型材，不落灰，易清理。

（5）门框橡胶压条应有锁紧造型，不易脱落。

# 3 使用效益分析、体会、总结

　　BIM 是建筑技术,是建筑数字化技术,具有可视化、协调性强及优化性强等特点。医疗门同样可通过 BIM 技术来解决设计、生产、安装及后期运维等方面的问题。在设计阶段,精准的带有尺寸数字的 BIM 视图可帮助设计师优选方案、预判问题,给业主提供更直观的感受;在生产阶段,可一改以往医疗门生产厂家在下单生产前,每樘门都需现场量尺寸的传统做法,大大提高企业生产效率、减少人工成本、提高企业生产效益;在施工安装阶段,对业主也可加快工期、节约投资;在运维阶段,详细的数据支持(门体尺寸、五金配件规格等)将会给建成后的医院运维带来极大的方便。可以说,运用 BIM 技术,可解决医疗门设计、生产、施工及运维各阶段的问题,对医院、对设计、对医疗门生产企业、对施工方都有益。

视频漫游

## 参考文献

[1] 马丽. 大型医院门诊大厅设计研究[D]. 重庆:重庆大学,2007.
[2] 刘婷婷. 综合医院门诊楼公共空间环境研究[D]. 重庆:重庆大学,2006.
[3] 刘贵曦. 影响钢质防火门耐火性能因素分析[J]. 建筑工程技术与设计,2017,(9):1816.
[4] 凌翱,吴欣,刘建勇,等. 一种钢质防火门的耐火性能研究[J]. 消防技术与产品信息,2013,(10):42－44.

(周　珏　周江华　王　翔)

高邮市人民医院效果图

# 第八章
# BIM协同平台
# 在施工阶段中的应用
## ——高邮市人民医院

 **概 述**

协同性是 BIM 系统的特点之一，没有 BIM 之前，工程无论是设计、施工及管理都是各行其是，在统一整合或协同作业时会遇到诸多问题，既浪费时间，又损耗人力与成本，大大造成了工期的延误，降低了工作效率。

BIM 协同平台可以把各专业所需的数据全部纳入同一个模型之中，运用可视化的展现效果，让项目参与者清楚地了解自己应该做什么、做到什么程度、什么时候完成、完成质量如何等，大大提高了工程品质与工作效率。

协同平台同时具有 BIM 工程管理功能，不仅是对 BIM 工程图协同管理，又用于施工阶段的管理，而且是贯穿于 BIM 项目全生命周期的协同管理平台。

协同平台还是一个移动、Web、PC 三端同步的云平台，可以在 Web 端、PC 端上传并管理模型文件，在移动端查看并采集现场信息。

# 1 项目概况

## 1.1 项目简介

高邮市人民医院是一所集医疗、教学、科研、急救、保健、康复为一体的三级综合性医院。

项目位于高邮市东区,西临经三路,东临经五路,北临通湖东路,南临纬五路,总用地呈方形,二期建筑面积 158 387 $m^2$。病房综合楼建筑面积 97 710 $m^2$,门诊综合楼 15 751 $m^2$,精神病治疗中心楼 14 637 $m^2$,传染病治疗中心楼 6 139 $m^2$,洗衣房 5 882 $m^2$,其他 347 $m^2$。

## 1.2 工程特点与难点

系统复杂性:六大专业系统(建筑/结构/给排水/电气/暖通/智能化),约 60 个亚专业系统,系统间互相交织,医疗流程与感控防护具有特殊要求。

管理复杂性:需求侧动态群甲方+组织管理 20 类别近 100 家参建单位+专业间图纸不耦合+永恒的变更+建设与运维分割。

本项目的目标是工程最高奖项鲁班奖,其中 BIM 技术的应用成果直接影响鲁班奖的评审。

# 2 BIM 协同平台应用

## 2.1 信息录入及三维展示

项目开始后首先将高邮市人民医院的 CAD 图纸、三维模型、项目信息上传至协同平台,取得基础数据。

机电模型

土建模型

机电、土建整合模型

## 2.2 协同工作及设计图纸检查

（1）模型生成后发现大量的碰撞，以基坑为例汇总了 52 处"错、漏、碰、缺"等问题。

### 基坑结构问题汇总

| 类型 | 数量 | 单位 |
| --- | --- | --- |
| 水管井位于承台、后浇带上 | 13 | 处 |
| 桩表面突出集水井底部 | 4 | 处 |
| 电梯井、集水井承台冲突 | 9 | 处 |
| 地梁、剪力墙外露在电梯井坑中 | 4 | 处 |
| 结构框架 | 18 | 处 |
| 建筑系统 | 4 | 处 |
| 合计 | 52 | 处 |

（2）现场工程师、公司技术支持及设计师通过协同平台及时与设计院、业主、监理等各方沟通，确认设计图纸问题。

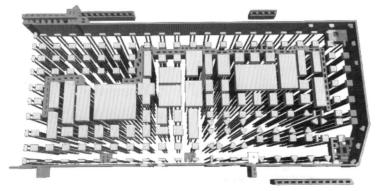

基坑承台与桩布置

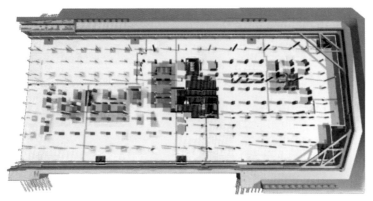

承台与集水井碰撞示意（红色和黄色为图纸问题区）

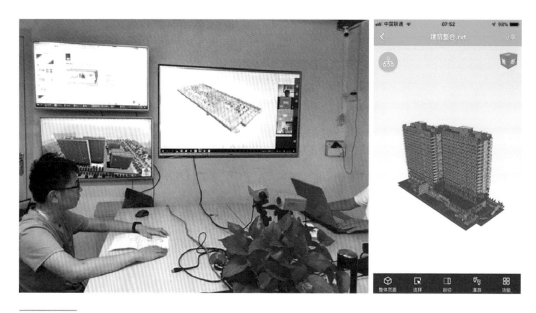

通过移动端及 Web 端利用协同平台及时沟通确认问题

（3）设计图纸问题确认，经过深化后，将修改意见提交设计院、业主、监理等各方，同时将发现的问题及深化方案生成相应的咨询报告，并将所有资料上传协同平台。

（4）对模型进行二次复查，直至设计问题得到解决，形成施工图模型。将 BIM 模型成果上传至协同平台，参建各方可随时查看、跟踪，为项目协同提供有效的工具和模式。

## 2.3　进度管理（4D）

（1）利用协同平台编制进度计划，明确整体施工计划和月度进度计划。

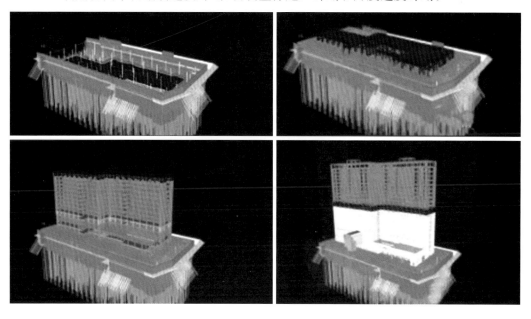

进度模拟过程模型

（2）进度与模型实时同步：基于 BIM 模型，结合施工组织设计和施工进度计划进行 4D 进度模拟，便于可视化形象进度；能够有效地检验和提前发现可能存在的冲突；检验计划工期和实际工期的差异，便于工期管控。

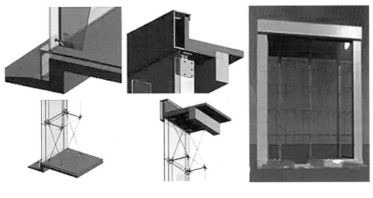

幕墙节点碰撞检查

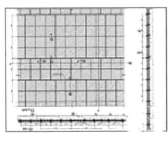 

幕墙 BIM 构件清单量

（3）BIM 清单辅助下料：在施工下料阶段，利用 BIM 的明细表，可以方便快速地生成石材、玻璃、铝型材钢材下料单，极大地提高了下料的准确性，提高了工作效率，实现了人力、时间和资源的合理配置。

## 2.4 生产管理与质量管控

（1）基于三维模型视点添加红线批注和文字评论，形成互动，批注还可以发起任务，任务模式为流程审批制，落实到执行人，并且任务信息可归档，事后便于追溯，解决各方的可视化交流及任务跟踪处理问题。

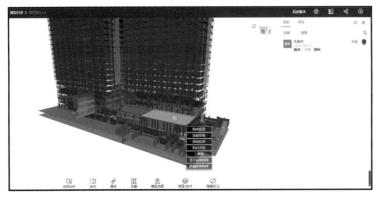

大厅顶部问题标注

基于三维模型和构件关联图纸、照片和文件等,并且可以在模型和图纸等文件中追加评论,形成线上互动,实现工程数据的可视化存档和查找。

(2)三维在线标记:在协同平台上对模型构件相应部位进行信息标记,同时利用构件二维码功能,将该构件相关信息生成二维码,发送给相关施工人员或者直接在现场进行二维码粘贴,施工人员可通过手机移动端扫描二维码查看相关构件定位及属性详情。

将选择的构件生成
二维码发给对应人

对应人扫描二维码
便可定位到该构件

可针对构件回馈信息

查看该构件的属性 三维在线标记

(3)施工现场问题整改跟踪:将现场质量、安全、进度信息添加至模型,同时可将问题更直观地推送至相关责任人手里,在企业、项目、岗位人员之间进行项目问题跟踪,达到

施工现场问题整改跟踪

管理闭环,提高工作效率。

在施工过程中遇到问题通过移动端进行问题反馈,在模型的相应部位进行标记和任务发布,发送给相关责任人。相关人员查看后进行问题整改,整改完成后提交任务,由发布任务者进行任务验收。

高邮市人民医院此次项目为二期项目,为了保证医院正常运行,又能够让塔吊最大限度覆盖施工场地,深基坑施工阶段对交通运行不产生影响,通过协同平台及时调整了场地布置,建立基坑围护模型、主体结构模型、临设布置模型、周边环境模型对项目所处环境进行还原,综合对比选取最合理的布置方案,并通过漫游软件生成漫游动画。

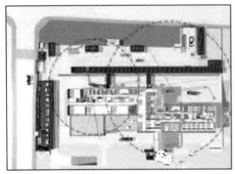

BIM 模型塔吊服务半径展示

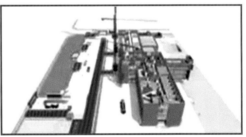

场地布置 BIM 模型截图

## ③ 应用成果及效益分析

(1) 在本项目 BIM 实施中,解决了各专业的建模耗时长的问题,成功地解决了各专业的设计深化、专业配合、合理布置、工艺组合、工序安排之间的矛盾,保证了施工进度如期、顺利推进,节约了工期及施工成本,保证了施工质量。本项目综合管线碰撞点共计4 386 处;管线优化过程中调整水平主干管路径 46 处,更改立管排布顺序 12 处。节约工时 852 个人工,节约管材 235 m。通过可视化技术节约与各方协调联络时间约 20 天,缩短了工期约 10 天。

(2) 通过协同平台使用,实现了模型资源共享,加强了各专业间的协同,形成电子化办公,不仅节约纸张,还加快了工作效率。

（3）通过 BIM 5D 的应用,能及时合理安排材料进出场、机械配备和施工人员的调配,实现了有效决策和精细管理,达到了减少施工变更、控制成本、提示质量的目的。

# 4 总　结

通过此次项目中基于 BIM 的协同作业应用,不仅存储归类并共享了项目工程信息及知识、提升了工程协同效率及内部沟通交流、减少了各专业接口冲突,达到了提升工程质量的整体目标,并且为之后的运维管理奠定了基础。

视频漫游

## 参考文献

［1］杨太华,汪洋,杨素芳. 基于 BIM 技术的建筑安装工程施工阶段精细化管理［J］. 武汉大学学报, 2013,10(46):429－433.

［2］曹成,钟建国,严达,等. BIM 云协同平台在工程项目的五大应用［J］. 工程质量杂志,2016,34(04): 84－88.

（洪　文　武　敏　苗　佩）

# 第九章
# BIM技术在桩基支护工程中的应用
## ——江苏省妇幼保健院

## 项目概况

　　江苏省妇幼保健院住院综合楼项目，西侧至南京鸿泰基础建设开发有限公司，东侧至龙江变电站、龙江泵站、河道，北侧至龙园北路，南侧至江苏省妇幼保健院3号楼。

　　住院综合楼项目建筑高度 78.5 m，面积 62 687.9 m²：地上 18 层，面积 50 182.1 m²；地下 2 层，面积 12 505.8 m²。地下两层为高低压变配电所（含发电机）、中央空调机房、供水消防泵房、机械停车库和人防区域；1～6 层为医技部分：公共服务区域/影像科、检验科、输血科、信息中心、住院药房（含静脉配置中心）、ICU/OICU、病理科、产房、新生儿/NICU、手术室（16 间）、腔镜清洗中心等；7～18 层为病房层：妇科、产科、乳腺科、小儿外科、儿科、整形科、综合外科等，新建住院综合楼设计床位 631 张。

## 1　工程概况

　　江苏省妇幼保健院住院综合楼项目自 2014 年率先在江苏省医院建设项目管理中全面引入 BIM 技术，从初步设计阶段开始进行 BIM 的全过程应用。设计阶段有模型构建、碰撞检查、深基础验证、土石方平衡、设计方案比选、虚拟仿真漫游、净高分析、管线综合优化、电梯垂直交通分析、应急疏散模拟、空调房间热环境模拟等应用点；施工阶段有施工场地布置、施工工艺展示、复杂节点可视化展示、工程量统计、常规专项模拟（机房、屋面）、医疗专项模拟（手术室、医用气体、物流传输）、施工进度模拟、预制构件加工、数字室外管网、竣工模型交付等应用点，以及运维阶段数字院区、信息管理平台等基于 BIM 的 23 个 BIM 应用点。

　　本项目在 BIM 方面获得了"第 3 届中国建设工程 BIM 大赛卓越工程项目三等奖"及"2018 年安装行业 BIM 技术应用成果行业先进（Ⅲ类）"等奖项，以及江苏省住房和城乡建设厅 2016 省建设领域科技指导性项目（项目编号：2016ZD103）、江

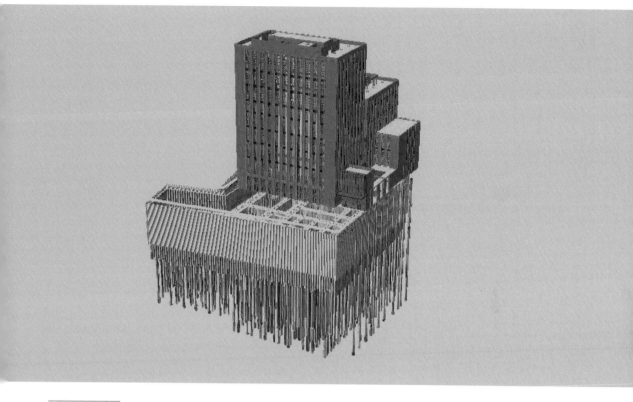

江苏省妇幼保健院住院综合楼项目 BIM 模拟效果图

苏现代医院管理研究中心 2017 年度课题(项目编号:JSY‐3‐2017‐072)(已结题,获优秀课题三等奖)、江苏现代医院管理研究中心 2019 年度课题(项目编号:JSY‐3‐2019‐010)、江苏省住房和城乡建设厅及江苏省财政厅的 2018 年度江苏省级节能减排(建筑节能和建筑产业现代化)奖补资金项目中高品质建造奖补项目[建筑信息模型(BIM)技术应用工程项目]的支持。目前,医院正在进行基于 BIM 的智慧运维平台建设。

## 1.1　建设主要内容

　　江苏省妇幼保健院住院综合楼项目基坑周边环境复杂,综合场地的工程地质、水文地质条件及基坑开挖深度,设计以"安全可靠、经济合理、技术可行、方便施工"为原则进行设计;建设施工过程中,坚持以"标准规范、科学合理、经济效益"为原则进行管理。

　　住院综合楼项目桩基及基坑支护工程于 2014 年 9 月 14 日开工,2014 年 11 月 28 日完工,本工程桩基采用水下钻孔灌注桩,采用设计桩长与进岩双控,桩身混凝土强度等级为 C30,冠梁、第一层支撑梁、围、第二次支撑梁强度等级为 C35;基坑采用钻孔桩加二层砼支撑支护结构形式,钻孔桩间挂网喷浆,基坑周边采用三轴深搅桩 $\phi$850 进行被动区加固,施工形成密封的止水帷幕,临近房屋一侧增加树根桩及高压旋喷桩。基坑面积约 6 800 m²,周长约为 390 m。基坑开挖深度为 11.45~12.05 m。该工程被评为 2015 年度第一批江苏省建筑施工标准化文明示范工地,2019 年南京市优质工程奖"金陵杯"(房屋建筑工程)。

## 2 BIM 应用点介绍

桩基及基坑支护工程模型采用 Autodesk Revit 软件建立基坑 3D 模型,先将有轴网、立柱桩、深层搅拌和内支撑的 CAD 图纸链接 Revit 软件中,其中内支撑、腰梁、冠梁等用梁单元绘制,搅拌桩、工程桩等用混凝土柱单元创建,本基坑的 3D 模型见下页目,相比传统的二维图纸,3D 模型实现了图纸可视化,通过 3D 模型能为现场施工的人员直观、完整地展示支护桩结构、内支撑结构、坑内加固深层搅拌桩等,使工作人员充分了解设计意图,避免因理解错误而造成的损失。

### 2.1 深基础验证

桩基及基坑支护工程模型采用 BIM 集成 GIS 平台建立基坑 3D 模型,相比传统的二维图纸,3D 模型实现了图纸可视化,通过 3D 模型能为现场施工的人员直观、完整地展示支护桩结构、内支撑结构、坑内加固深层搅拌桩等,使工作人员充分地了解设计意图,避免因理解错误而造成的损失。

通过 BIM 模型防冲突检查,发现 138 个基础桩、25 个立柱桩与内部三轴深搅桩位置冲突。经基坑支护设计确认,可减少 425 根坑内加固三轴深层搅拌桩,节省了费用。

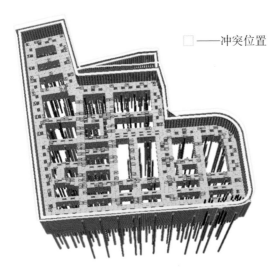

□——冲突位置

桩基工程碰撞检查

### 2.2 深基础入岩深度判定

通过 BIM 集合 GIS 技术模拟和分析,对桩基及基坑支护图纸进行复验。从试桩时无法判定入岩深度,到施工时由 BIM 提供精确数据判定每根桩入岩深度,相关数据得到勘察设计单位签字确认;最终,江苏省妇幼保健院住院综合楼桩基工程工期较计划工期提前了 58 天,工程费用也得到节省。

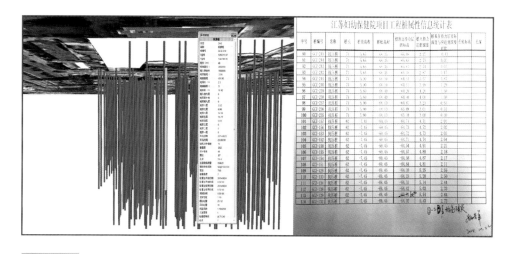

工程桩入岩深度判定

## 2.3　施工方案可视化模拟

　　通过GIS平台对岩土层进行三维可视化还原,根据现状地形与规划设计竖向构建数字高程模型,进行多次土石方填挖量分析论证,最终达到最佳平衡点,实现工程量最小、成本最低、工期最短。同时对各桩基穿过各地质层的长度进行统计,对基础桩是否进入持力层或进入持力层长度是否达标进行验证,有效避免桩基补桩或桩基过长情况发生。通过数字化模拟仿真,为现场施工人员直观、完整地展示基坑、支护桩结构、内支撑结构、坑内加固深层搅拌桩等,三维交底,使工作人员充分地了解设计意图,避免因理解错误而造成损失。

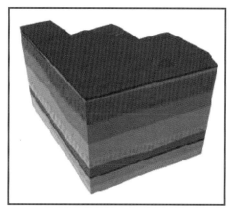

三维地质模型模拟

基坑模拟

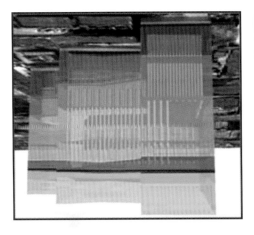

支护桩穿过地质层情况

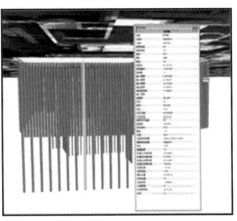

支护桩信息查询

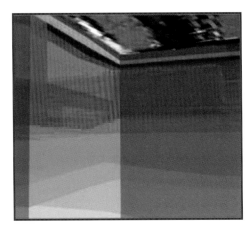

高压旋喷桩穿过地质层情况

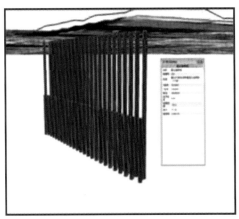

高压旋喷桩信息查询

基坑内部三轴搅拌桩

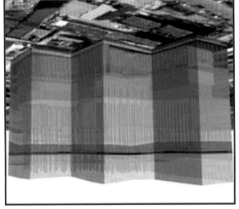

桩基整体深入地质情况

支撑梁模拟

承台模拟

## 2.4　工程量统计

　　基于地理信息框架，整合医院建设过程中的 BIM 数据、DTM 数据、GIS 数据及相关信息资源，平台集成信息查询系统，对各类桩的类型、桩长、桩径以及桩穿过地质岩层信息实现在线查询，输出工程量清单。

| 承台属性信息统计表 | | | | | | | |
|---|---|---|---|---|---|---|---|
| 承台编号 | 类型 | 承台顶面高程(m) | 承台底高程(m) | 承台厚度(m) | 承台顶面周长(m) | 承台顶端表面积(m²) | 承台体积(m³) |
| 1 | J1b | 6.35 | 5.55 | 0.80 | 7.18 | 3.23 | 2.58 |
| 2 | J1b | 6.35 | 5.55 | 0.80 | 7.18 | 3.23 | 2.58 |
| 3 | J1b | 6.35 | 5.55 | 0.80 | 7.18 | 3.23 | 2.58 |
| 4 | J1b | 6.35 | 5.55 | 0.80 | 7.18 | 3.23 | 2.58 |
| 5 | J1a | 7.30 | 5.50 | 1.80 | 7.18 | 3.23 | 5.81 |
| 6 | J1a | 7.30 | 5.50 | 1.80 | 7.18 | 3.23 | 5.81 |
| 7 | J2a | 7.30 | 5.50 | 1.80 | 12.57 | 8.07 | 14.52 |
| 8 | J1a | 7.30 | 5.50 | 1.80 | 7.18 | 3.23 | 5.81 |
| 9 | J1a | 7.30 | 5.50 | 1.80 | 7.18 | 3.23 | 5.81 |
| 10 | J1a | 7.30 | 5.50 | 1.80 | 7.18 | 3.23 | 5.81 |
| 11 | J1 | -3.95 | -5.55 | 1.60 | 7.18 | 3.23 | 5.16 |
| 12 | J1 | -3.95 | -5.55 | 1.60 | 7.18 | 3.23 | 5.16 |
| 13 | J1 | -3.95 | -5.55 | 1.60 | 7.18 | 3.23 | 5.16 |
| 14 | J1 | -3.95 | -5.55 | 1.60 | 7.18 | 3.23 | 5.16 |
| 15 | J1 | -3.95 | -5.55 | 1.60 | 7.18 | 3.23 | 5.16 |
| 16 | J1 | -3.95 | -5.55 | 1.60 | 7.18 | 3.23 | 5.16 |
| 17 | J1 | -3.95 | -5.55 | 1.60 | 7.18 | 3.23 | 5.16 |
| 18 | J1 | -3.95 | -5.55 | 1.60 | 7.18 | 3.23 | 5.16 |
| 19 | J1 | -3.95 | -5.55 | 1.60 | 7.18 | 3.23 | 5.16 |
| 20 | J2 | -3.95 | -6.55 | 2.60 | 12.57 | 3.23 | 8.39 |
| 21 | J2 | -3.95 | -6.55 | 2.60 | 12.57 | 3.23 | 8.39 |
| 22 | J2 | -3.95 | -6.55 | 2.60 | 12.57 | 3.23 | 8.39 |
| 23 | J2 | -3.95 | -6.55 | 2.60 | 12.57 | 3.23 | 8.39 |
| 24 | J2 | -3.95 | -6.55 | 2.60 | 12.57 | 3.23 | 8.39 |
| 25 | J2 | -3.95 | -6.55 | 2.60 | 12.57 | 8.07 | 20.97 |
| 26 | J2 | -3.95 | -6.55 | 2.60 | 12.57 | 8.07 | 20.97 |
| 27 | J2 | -3.95 | -6.55 | 2.60 | 12.57 | 8.07 | 20.97 |
| 28 | J2 | -3.95 | -6.55 | 2.60 | 12.57 | 8.07 | 20.97 |
| 29 | J2 | -3.95 | -6.55 | 2.60 | 12.57 | 8.07 | 20.97 |
| 30 | J2 | -3.95 | -6.55 | 2.60 | 12.57 | 8.07 | 20.97 |
| 31 | J4 | -3.95 | -6.35 | 2.40 | 14.30 | 13.20 | 31.67 |
| 32 | J2 | -3.95 | -6.55 | 2.60 | 12.57 | 8.07 | 20.97 |
| 33 | J2 | -3.95 | -6.55 | 2.60 | 12.57 | 8.07 | 20.97 |
| 34 | J2 | -3.95 | -6.55 | 2.60 | 12.57 | 8.07 | 20.97 |
| 35 | J2 | -3.95 | -6.55 | 2.60 | 12.57 | 8.07 | 20.97 |
| 36 | J2 | -3.95 | -6.55 | 2.60 | 12.57 | 8.07 | 20.97 |
| 37 | J2 | -3.95 | -6.55 | 2.60 | 12.57 | 8.07 | 20.97 |
| 38 | J2 | -3.95 | -6.55 | 2.60 | 12.57 | 8.07 | 20.97 |
| 39 | J3 | -3.95 | -6.35 | 2.40 | 19.16 | 13.98 | 33.53 |
| 40 | J2 | -3.95 | -6.55 | 2.60 | 12.57 | 8.07 | 20.97 |
| 41 | J2 | -3.95 | -6.55 | 2.60 | 12.57 | 8.07 | 20.97 |
| 42 | J5 | -6.25 | -7.45 | 1.20 | 31.83 | 55.10 | 66.12 |
| 43 | J1 | -3.95 | -5.55 | 1.60 | 7.18 | 3.23 | 5.16 |
| 44 | J1 | -3.95 | -5.55 | 1.60 | 7.18 | 3.23 | 5.16 |
| 45 | J2 | -3.95 | -6.55 | 2.60 | 12.57 | 8.07 | 20.97 |
| 46 | J2 | -3.95 | -6.55 | 2.60 | 12.57 | 8.07 | 20.97 |
| 47 | J2 | -3.95 | -6.55 | 2.60 | 12.57 | 8.07 | 20.97 |
| 48 | J2 | -3.95 | -6.55 | 2.60 | 12.57 | 8.07 | 20.97 |
| 49 | J2 | -3.95 | -6.55 | 2.60 | 12.57 | 8.07 | 20.97 |
| 50 | J2 | -3.95 | -6.55 | 2.60 | 12.57 | 8.07 | 20.97 |
| 51 | J2 | -3.95 | -6.55 | 2.60 | 12.57 | 8.07 | 20.97 |
| 52 | J2 | -3.95 | -6.55 | 2.60 | 12.57 | 8.07 | 20.97 |
| 53 | J4 | -3.95 | -6.35 | 2.40 | 14.30 | 13.20 | 31.67 |
| 54 | J1 | -3.95 | -5.55 | 1.60 | 7.18 | 3.23 | 5.16 |
| 55 | J3a | -3.95 | -6.35 | 2.40 | 17.96 | 12.90 | 30.97 |
| 56 | J3 | -3.95 | -6.35 | 2.40 | 19.16 | 13.98 | 33.53 |
| 57 | J1 | -3.95 | -5.55 | 1.60 | 7.18 | 3.23 | 5.16 |
| 58 | J1 | -3.95 | -5.55 | 1.60 | 7.18 | 3.23 | 5.16 |

属性信息统计表

**山东同圆数字科技有限公司土(石)方计算报告**

| 项目编号: | | 项目名称: | | **省妇幼保健院项目土方平衡分析服务 | | |
|---|---|---|---|---|---|---|
| 场地面积:(ha) | | 1.1 | | 建设单位: | | |

**项目场地挖、填土(石)方计算书**

| 内容 | 计算条件 | 场地挖土(石) m² | 场地填土(石) m² | 场地挖填总数 m² | 相对初始挖填减少 m² | 场地土方平衡值 m² |
|---|---|---|---|---|---|---|
| 初期规划场地标高 (201410) | 测绘地形图 | 93974 | 0 | 93974 | | 运出 93974 m² |
| 第1次调整场地标高 (201501) | 测绘地形图 | 95061 | 0 | 95061 | -1087 | 运出 95061 m² |
| 第2次调整场地标高 | 测绘地形图 | | | | | |
| | 激光扫描点云地形 | | | | | |
| 第N次调整场地标高 | 测绘地形图 | | | | | |
| | 激光扫描点云地形 | | | | | |
| 最后调整场地标高 | 测绘地形图 | 95061 | 0 | 95061 | -1087 | 运出 95061 m² |
| | 激光扫描点云地形 | | | | | |

**项目基础设施挖、填土(石)方计算书**

| 内容 | 地下建筑 | 基础工程 | 管网工程 | 绿地工程 | 场地路面工程 | 挡土墙 |
|---|---|---|---|---|---|---|
| 挖方 (m²) | | | | | | |
| 填方 (m²) | | | | | | |

土方平衡值: 运出 95061 m²　　　　总挖土(石)量: 95061　　　　总填土(石)量: 0

| \multicolumn{7}{c}{**江苏妇幼保健院项目桩基混凝土消耗量统计(体积单位:立方米)**} |
|---|---|---|---|---|---|---|
| 序号 | 桩基类型 | 桩基数量(单位:个) | 桩基模型体积(m3) | 系数 | 桩基混凝土消耗量(m3) | 备注 |
| 1 | 内部三轴深搅桩 | 2497 | 10626.92 | | 10626.92 | |
| 2 | 三轴深搅桩 | 488 | 3600.30 | | 3600.30 | |
| 3 | 高压旋喷桩 | 170 | 592.71 | | 592.71 | |
| 4 | 工程桩 | 245 | 8629.42 | | 8629.42 | |
| 5 | 立柱桩 | 60 | 1797.82 | | 1797.82 | |
| 6 | 树根桩 | 118 | 112.60 | | 112.60 | |
| 7 | 双重管高压旋喷桩 | 325 | 1285.04 | | 1285.04 | |
| 8 | 支护桩 | 338 | 11963.40 | | 11963.40 | |
| 合计 | | | 38608.21 | | 38608.21 | |
| 说明 | 1.本混凝土统计量为桩基模型体积量,与实际工程量会有差异 | | | | | |
| | 2.本混凝土统计量未扣除钢筋体积量 | | | | | |
| | 3.桩基桩头部均按照平头桩进行统计 | | | | | |

工程量报表

# ③ BIM 应用分析

## 3.1　价值分析

(1)借鉴及指导意义

在本项目实施过程中,BIM 技术在深基础验证、入岩深度判定等应用点上,得到了很好的应用,并在工期及费用上取得良好的效益。同时,BIM 技术应用生成的工程数据、信息,为工程后期审计、维保提供了参考。为今后医院建设者们在施工桩基及基坑支护工程提供了借鉴和参考。

(2)经济效益分析

通过 BIM 技术在江苏省妇幼保健院住院综合楼项目中的应用,在深基础验证过程中,因减少 425 根坑内加固三轴深层搅拌桩,节省费用 200 余万元;在深基础入岩深度判定中,对比原设计桩长及优化后设计桩长,节约费用 120 余万元。

表 9-1　住院综合楼项目桩基工程原设计桩长

| 项目分区 | 桩型 | 桩长(m) | 桩径(mm) | 数量(根) | 合计桩长(m) | 混凝土量(m³) | 备注 |
|---|---|---|---|---|---|---|---|
| 1 | ZH1 | 62 | φ900 | 172 | 10 664 | 6 780.70 | 上部空头 12 m |
| 2 | ZH1a(抗压试桩) | 74 | φ900 | 11 | 814 | 517.58 | 试桩 |

表 9-2　住院综合楼项目桩基工程优化后设计桩长

| 项目分区 | 桩型 | 桩长(m) | 桩径(mm) | 数量(根) | 合计桩长(m) | 混凝土量(m³) | 备注 |
|---|---|---|---|---|---|---|---|
| 1 | ZH1 | 桩长不等 | φ900 | 172 | 7 564 | 4 809.57 | 上部空头 12 m |
| 2 | ZH1a(抗压试桩) | 74 | φ900 | 11 | 814 | 517.58 | 试桩 |

对于工程建设而言,引起工程变更的因素及变更产生的时间是无法掌控的,但变更管理可以减少变更带来的工期和成本的增加。设计变更直接影响工程造价,施工过程中反复变更会导致工期的延长和成本的增加,而变更管理不善会导致进一步的变更,会使成本和工期目标处于失控状态。通过基坑工程 BIM 技术应用,前期制定一套完整严密的基于 BIM 的变更流程,对所有因施工或设计变更而引起的经济变更进行控制。

可视化建筑信息模型更容易在形成施工图前修改完善,设计师直接用三维设计更容易发现错误并修改。三维可视化模型能够准确地再现各地质层、各桩基、各构件节点,实现三维校核,大大减少错漏碰缺现象,在设计成果交付前消除设计错误,以减少设计变更。

BIM 技术可以做到协同修改,改变以往依赖人工协调项目内容和分段交流的模式,大大节省项目开发成本。在施工阶段,用共享 BIM 模型能够实现对设计变更的有效管理和动态控制。通过设计模型文件数据关联和远程更新,建筑信息模型随设计变更而更新,减少设计师与各参建单位的信息交换时间,从而使索赔签证管理更有时效性,实现造价动态控制和有序管理。

## 3.2　BIM 应用不足之处

BIM 技术在该项目中实现了设计、施工的精细化管理,在工程造价方面输出各种工程量报表辅助成本造价管理。并未实现全过程工程造价管理及资源优化配置,未来会逐渐探索 BIM 技术与全过程造价管理及资源优化配置的深度融合,真正发挥全过程 BIM 技术应用的价值。

## 4　应用体会

通过 BIM 技术在住院综合楼项目桩基及基坑支护工程中的应用,提高了桩基及基坑支护工程的进度,并节约了施工成本。随着 BIM 技术的普及发展和深度研究,桩基及基坑支护工程中的 BIM 应用形式将越来越深入和丰富,让更多的建设者得益。

（赵奕华　张玉彬　刘鹏飞　徐　丹　杨朋辉）

高淳人民医院新建项目

# 第十章
# BIM技术在施工阶段机电深化中的应用

## ——南京市高淳人民医院

### 项目概况

项目规划总用地面积：138.7亩，规划总建筑面积13.7万m²，总床位1200张。医院按总体规划、分期实施的原则，分三期进行，二期工程已结束（包括急救中心楼、内科综合住院楼、妇幼儿童中心楼、后勤服务设施及配套绿化总图工程、医疗教学科研楼和医疗综合保障楼），三期拟建设病房医技楼、门诊楼。本项目是在一、二期已建成投运基础上进行扩建。项目建成后，高淳人民医院的医疗服务主体将进入新区医院。三期建设项目全部为医疗服务用房，并与一期医疗服务用房进行无缝对接。

高淳人民医院新建项目位于高淳开发区茅山路53号，总建筑面积90 390 m²。

本期建设病房医技楼建筑面积69 136 m²，南楼地上11层，北楼地上16层，地下二层。

门诊楼建筑面积19 488 m²，地上4层，地下1层。

锅炉房及发电机房230 m²，连廊336 m²，一期钢结构夹层1 200 m²。

# 1 BIM 组织架构

本项目基于 BIM 技术，成立了以业主牵头各参建方为主的管理团队。

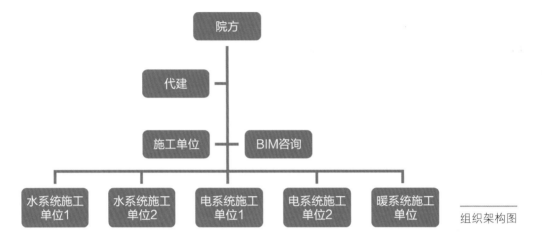

组织架构图

# 2 BIM 应用点介绍

经过 BIM 在国内外工程中的实例，BIM 在装修工程中发挥着巨大的作用，BIM 技术的出现为装修设计、施工、成本控制、节能环保等各个方面带来了极大的便利和效益。针对高淳人民医院施工阶段的需求，在本项目 BIM 应用如下：施工阶段机电深化应用。

# 3 项目难点

本项目存在多专业分包施工作业，在机电管综排布时需考虑各分包单位施工条件与作业环境，不能使用综合支架。在各专业排布问题协调工作较多，所以在 BIM 出图后仍需现场调节，来满足各施工方的施工要求。最终以调节后的 BIM 图纸为准，因此在 BIM 咨询过程中多出了许多咨询的工作量。

项目实施流程图

## 4　BIM 在施工阶段运用流程

在整个项目运用 BIM 技术过程中,基于项目基本要求及规范要求进行初版管综排布,在初版管综成果提交后,各单位根据提交成果基于各施工单位成本考虑提出相应建议,再根据提出建议,以 BIM 会议的形式,在项目现场与各个施工单位进行协调,最终按照 BIM 会议结果出图,满足各个施工单位要求,配合整个项目顺利运行。

## 5　BIM 在项目中具体实施内容

### 5.1　绘制模型、发现问题

根据施工图纸绘制模型,发现病房楼上单元走道无法满足机电基础管综排布,对该现象 BIM 方向建设单位、施工单位、监理单位、设计单位提出反馈建议。

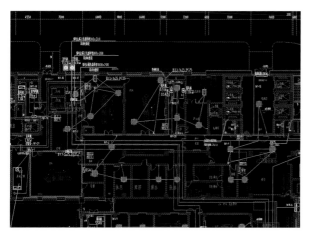

CAD 平面图

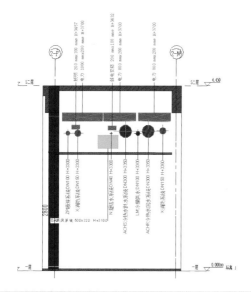

初版模型剖面

## 5.2 碰撞检查、问题可视化

根据施工图纸绘制模型,利用 NAVISWORS 软件进行碰撞检测,并利用软件导出碰撞报告。该项目总计发现碰撞点 327 处。

**碰撞报告举例**

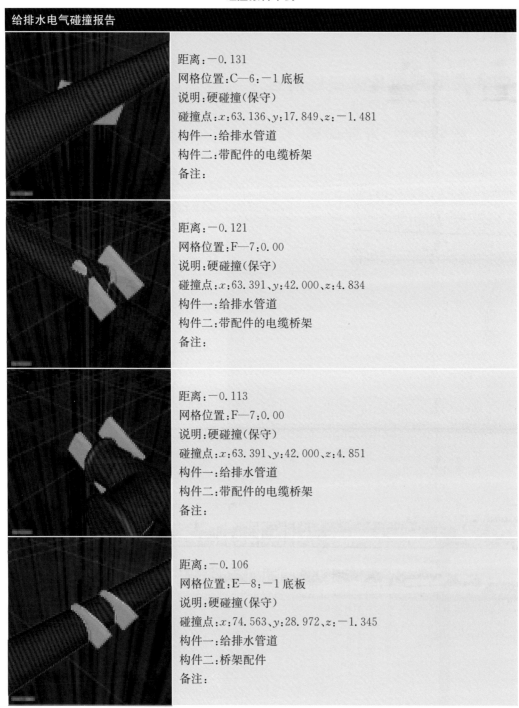

| 给排水电气碰撞报告 | |
|---|---|
| | 距离:−0.131<br>网格位置:C—6:−1 底板<br>说明:硬碰撞(保守)<br>碰撞点:$x$:63.136、$y$:17.849、$z$:−1.481<br>构件一:给排水管道<br>构件二:带配件的电缆桥架<br>备注: |
| | 距离:−0.121<br>网格位置:F—7:0.00<br>说明:硬碰撞(保守)<br>碰撞点:$x$:63.391、$y$:42.000、$z$:4.834<br>构件一:给排水管道<br>构件二:带配件的电缆桥架<br>备注: |
| | 距离:−0.113<br>网格位置:F—7:0.00<br>说明:硬碰撞(保守)<br>碰撞点:$x$:63.391、$y$:42.000、$z$:4.851<br>构件一:给排水管道<br>构件二:带配件的电缆桥架<br>备注: |
| | 距离:−0.106<br>网格位置:E—8:−1 底板<br>说明:硬碰撞(保守)<br>碰撞点:$x$:74.563、$y$:28.972、$z$:−1.345<br>构件一:给排水管道<br>构件二:桥架配件<br>备注: |

| 给排水电气碰撞报告 | |
| --- | --- |
| | 距离：—0.096<br>网格位置：F—7：0.00<br>说明：硬碰撞(保守)<br>碰撞点：$x$：63.728、$y$：41.853、$z$：4.971<br>构件一：给排水管道<br>构件二：带配件的电缆桥架<br>备注： |
| | 距离：—0.096<br>网格位置：F—5：0.00<br>说明：硬碰撞(保守)<br>碰撞点：$x$：47.575、$y$：41.000、$z$：4.800<br>构件一：给排水管道<br>构件二：带配件的电缆桥架<br>备注： |

## 5.3  参建方讨论、确定方案

对该区域提出建议后，通知各参建单位召开 BIM 会议，对该区域变更方案进行可行性讨论，确定方案后，交由设计院审核确认。

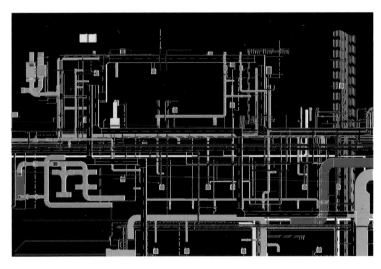

方案模型平面图

## 5.4　设计院反馈、方案二次优化

　　设计院对提出的建议进行审核,确定该方案可行,并对其出具了变更图纸,根据变更图纸进行 BIM 管综二次深化。

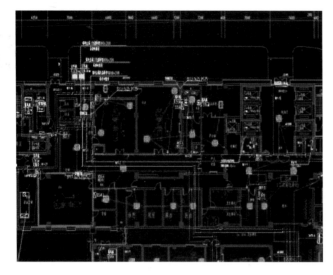

原施工图平面图

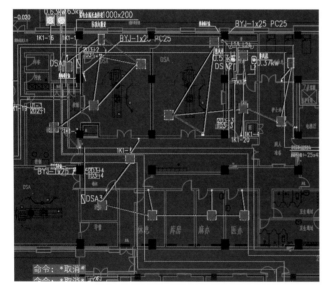

设计院变更后平面图

## 5.5　二次深化、现场交底

**排布思路:**

① 预留电力桥架后期人员布线空间及检修空间;

② 分专业调整支架布置方式;

③ 考虑左右支管分布问题;

④ 考虑常规避让规则,减少成本支出;

⑤ 考虑净空不低于 2 650 mm。

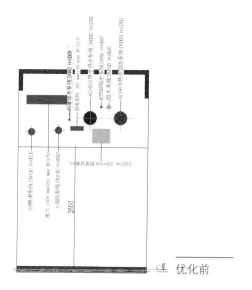 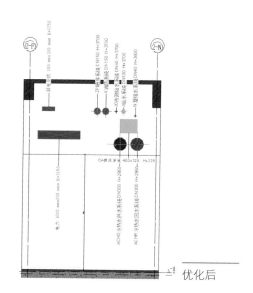

## 6　机电深化运用成果

项目部分成果优化过程节选：

① 门诊楼一层南走道在排布过程中因已设置好吊顶标高 2 800 mm，排布区域较小，所以在走道交汇处难免有"打架"部分，根据排布规则风管最大所以优先排布，污水管为无压管优先排布，其他管道桥架等根据实际情况进行避让。

优化前　　　　　　　优化后

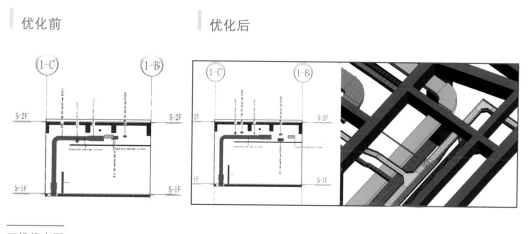

三维机电图

② 门诊楼三层南走道因施工过程中施工人员局部区域未根据 BIM 图纸施工，导致风管无法安装及后期电气人员没有布线空间，现根据现场实际情况进行优化，把 800 mm×200 mm 的风管更改为 630 mm×320 mm，更改后满足后期电气人员布线操作空间及风管布置空间。

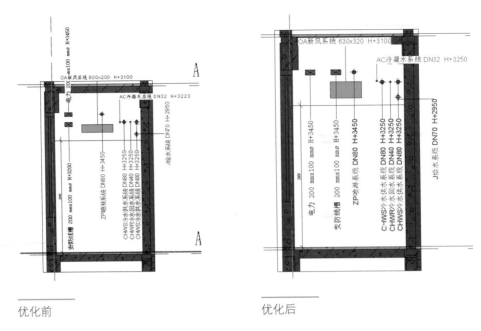

优化前　　　　　　　　　　　　　　优化后

③ 门诊楼二三层设置防火卷帘对此进行走道优化。

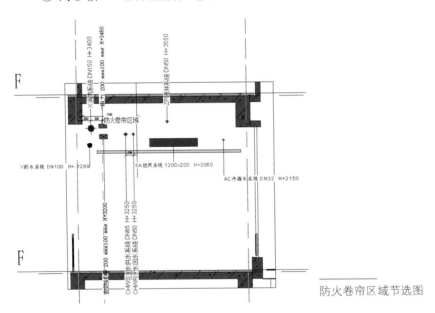

防火卷帘区域节选图

　　根据业主需求在二层、三层门诊楼大厅处设置防火卷帘,需在外部结构往走道区域
1 350 mm 间距内拆除原布置的管线,按实际需求进行排布满足施工要求。

　　④ 门诊楼四层中单元吊顶造型区域优化建议门诊楼四层初版因前期吊顶顶面布置
图纸未提供,所排布的模型根据原吊顶设计标高进行排布,在现场 BIM 对接后才提供顶
面布置图,我方根据顶面布置图重新排布,施工方依据我方排布内容进行审核,经过审核
我方排布满足施工要求。

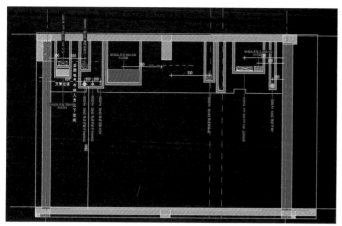

门诊楼四层中走道终版优化成果

⑤ 病房楼地下室优化建议

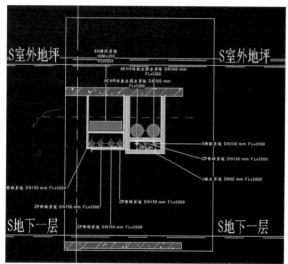

初版优化方案

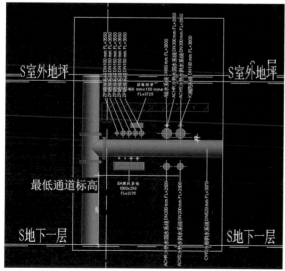

终版优化成果

在地下室综合管廊排布过程中,地下室管线多且排布空间紧凑,在初版成果提交后,因需求在综合管廊区域增加一根 400 mm×150 mm 强电桥架,这无疑给紧凑的空间内增加了难度,经 BIM 方细致考虑与现场各个施工方的要求,结合现场实际情况,排布出该成果,经现场 BIM 会议讨论,各个施工方均对此排布无任何疑义。

## 7 BIM 机电管综的优势

本项目通过建立 BIM 三维模型,以三维形式发现图纸问题以及现场将会出现的施工问题,提前避免工程隐患,将问题区域可视化,通过管综优化减少了后期签证、减少人工及返工现象,高效地控制了材料浪费现象,以科学的方式为建设方、施工方控制成本,避免不必要的成本浪费。

## 8 经济效益分析

成本控制,绿色施工

| 项目内容 | BIM 作用 | 收益(元) | 备注 |
|---|---|---|---|
| 图纸审核 | 碰撞报告、问题审查可视化 | 10 万 | |
| 管线优化 | 减少签证、减少人工、减少返工 | 50 万 | |
| 工期提前 | 问题提前预见,提前 30 天工期 | 80 万 | |
| 甲方好感 | 高效、优质地配合完成项目 | | |

在本项目中 BIM 的效果,为在项目中直接收益不低于 140 万,且间接收益无法估量,为施工企业后续项目奠定基础,树立良好形象。

## 9 项目 BIM 应用不足之处

① 本项目存在多专业分包施工作业,在机电管综排布时需考虑各分包单位施工条件与作业环境,不能使用综合支架。在各专业排布避让时也是各不相让,所以在 BIM 出图后仍需现场调节,来满足各施工方的施工要求。最终以调节后的 BIM 图纸为准。所以在 BIM 咨询过程中无端多出了许多咨询的工作量。

② 在 BIM 实施过程中发现,BIM 所出的图纸精度高,若紧凑区域误差要求小,往往施工时因施工人员的部分误差就会导致管线的无法安装,所以 BIM 技术人员在排布的时候就要考虑至少 ±(30~50)mm 左右的误差放量。

③ BIM 人员技术水平有待进一步提升,BIM 作为一个新兴崛起的行业技术,实施人员普遍为年轻人,相对于经验丰富的施工人员、设计人员还是有较大的水平差异,一些节点的处理与排布的方式仍有较大的提升空间,后期相应的对技术规范与现场实际施工的要求多多学习。

## ⑩ BIM 应用体会

　　BIM 在施工阶段机电深化应用分为几个方面：一是设计效果可视化，二是模型效果检验，三是四维效果的模拟和施工的监控。在利用专业软件为工程建立了 BIM 三维模型后，我们得到项目建成后的效果作为虚拟的建筑，因此 BIM 为我们展现了二维图纸所不能给予的三维视觉效果和认知角度，同时为有效控制施工安排、减少返工、控制成本、创造绿色环保低碳施工等方面提供了有力的支持。BIM 模型将所有专业整合到同一模型中，对专业协调的结果进行全面检验，专业之间的冲突、高度方向上的碰撞是重点。模型均按真实尺寸建模，传统表达予以省略的部分，例如管道保温层等，均得到充分展现，从而将一些深层次的问题暴露出来。机电管线使用 BIM 软件进行 BIM 建模。按照各设备专业的施工图，分系统进行 BIM 模型建立，如送风管、排风管、给水管、排水管、喷淋水管、动力桥架、照明桥架等等，各系统设置不同颜色以便区分，建模的顺序大致按从上到下、从大管到小管的顺序进行，以减小后期调整避让的难度。如果有横向的重力排水管则需特别注意，应在风管及其他水管之前建模，这是因为重力管有坡度，而且不能上弯，一般需要其他管线去避让它，因此先行建模有利于后期调整避让。

　　在大型、复杂的建筑工程设计中，设备管线的布置常常出现管线之间或管线与结构构件之间发生碰撞的情况，给施工带来麻烦，影响室内净高，造成返工或浪费，甚至存在安全隐患。BIM 软件均可进行管线碰撞的检测，可全面检测管线之间、管线与建筑之间的所有碰撞问题，并反馈给各专业设计人员进行调整。在建模的过程中即需观察管线间的空间关系并予以调整，在局部区域完成建模后，及时使用 BIM 软件的碰撞检测功能，检测并消除碰撞。如果在施工时才发现，会是一个什么样的场景：返工、修改、延误工期，无端增加工程成本，其损失是非常大的。

视频漫游

## 参考文献

［1］曹旭明，张士彤. BIM 技术在机电施工阶段的应用[J]. 建筑技术，2013，44(10)：909－912.

［2］朱建国. BIM 技术在施工阶段的应用策略研究[J]. 建筑施工，2013，35(07)：665－667.

［3］于晓明. 消除误区让 BIM 在机电施工企业健康发展[J]. 安装，2014，(6)：12－13.

（李月明　李少华　　陆春锋）

苏州市高新区人民医院

# 第十一章
# BIM技术应用于施工阶段
# 专项施工方案模拟与验证

## ——苏州高新区人民医院

## 项目概况

苏州高新区人民医院位于苏州市城市中心地带，始建于1952年，是一所集医疗、教学、科研、预防、康复、急救于一体、信息化程度高的三级规模的综合性公立医院。 目前为江苏大学教学医院、江苏省爱婴医院，苏州市全科医学社区实践教学基地、高新区结核病防治定诊医院、高新区精神卫生中心，高新区医师定期考核机构。 医院承担高新区及周边地区人口的常见病、多发病的诊治工作和区域性突发公共卫生事件的临床救治工作。

苏州高新区人民医院二期工程，占地65亩，建筑面积95 000 m²，项目位于高新区华山路南、长江路东交界处。工程总投资8亿，地上16层、地下2层。 二期整个项目包括门诊医技病房楼、公共卫生中心、感染性疾病中心、食堂和宿舍、高压液氧站、后勤楼等。 新添病床650个床位，15个手术室，750个地下立体停车位。

本工程合同工期为2014年2月28日至2016年10月29日，工期975天。 实际工期为2014年3月1日至2017年8月28日，工期1 277天。

# 1 应用点介绍

在高新区人民医院二期施工阶段,BIM 技术得到了充分应用,包括:施工场地布置,节点深化(施工族库优化),施工进度模拟,虚拟漫游,变更管理,安全管理,模板及脚手架方案模拟,医疗工艺方案模拟(气动物流管道)、施工方案合理性模拟、三维交底、工程量统计等应用,下面就代表性的应用点进行详细介绍及展示。

## 1.1 施工场地布置

我们在施工阶段 BIM 技术的应用过程中,首要任务是将施工场地布置方案进行三维模拟,BIM 方根据施工场地布置图进行三维模型的搭建,三维场地布置模型搭建完成后,主要从以下几个方面进行校验:施工总体布局,校验施工场地、交通及各项施工设施的规模、位置和相互关系的合理性。

### ■ 各阶段场地布置

对施工现场各阶段总平面精细部署,通过三维可视化,优化各类临时设施,确保施工可行性的同时,实现施工现场合理且规范布置。

土方阶段

基础阶段

主体阶段、装饰阶段

## ■ 项目标准化布置

对施工现场各阶段总平面精细部署,通过三维可视化,优化各类临时设施,减少不必要的返工。

施工现场场地布置

## ■ 项目施工区域划分

本工程施工场地狭小,周边场地复杂,利用BIM技术的三维可视化,我们对施工现场进行区段划分,便于现场优化施工方案,合理安排不同工种的穿插作业。

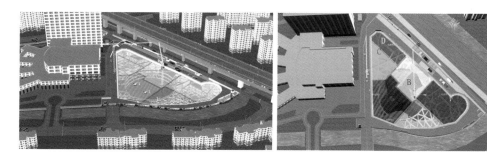

施工区域划分方案

主要对以上几点进行确认及优化后,我们将优化建议形成报告形式提交给业主,并将最终的三维场地布置模型及浏览格式的模型作为成果提交。在整个场地布置模拟过程中我们发现,合理的场地布置方案更加有利于生产、易于管理,方便现场施工人员的生活;有利于加快主体工程施工进度及提高项目运行的效率;有利于项目各类费用的节约,如:场地平整土石方工程量及费用、各种物料的运输工程量与费用、临建工程建筑安装工程量与费用等;除此之外,合理化的场地布置有利于施工流程中的相互协调及管理。

## 1.2 节点深化

### ■ 施工族库优化

"族"的使用是我们利用好 BIM 技术的基础，也是使用 BIM 技术集成体系的关键点所在。针对本项目结合项目标准及构件要求，进行 Revit 族的创建，形成符合项目使用的施工标准化族库。

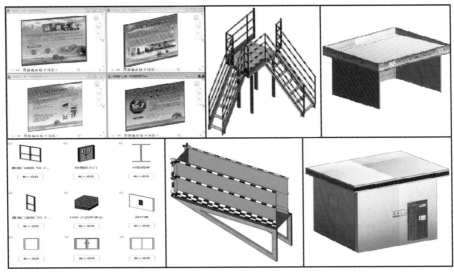

施工族库

### ■ 劲性柱与钢筋绑扎

根据设计变更，实时调整模型，并对劲性柱与钢筋绑扎进行优化，将变更后的模型反馈给现场管理人员及施工班组，保证模型与变更及现场的同步性。

节点一：

模型调整节点一

**节点二：**

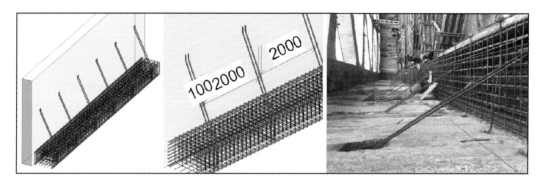

模型调整节点二

## 塔吊基础细化

利用BIM技术三维可视化，根据塔吊格构柱基础施工方案可行性论证，为后续指导格构柱的施工及指导工人施工做准备。

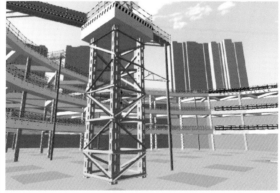

图纸信息　　　BIM模型　　　　　　　　　　　　　　　　现场施工

## 1.3　技术质量

## 模板三维设计

辅助现场模板方案进行各楼层、整体及其他部位（弧形梁、汽车坡道、一期与二期连廊等）进行三维可视化，为后期模板及钢管量的统计做准备。

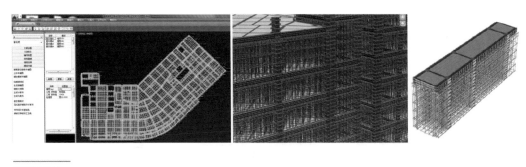

模板工程

我们将建立完成的结构专业模型,通过 BIM 技术进行模板三维设计,利用自动配模,利用三维可视化和协同性,加强与现场施工的对接。

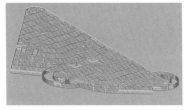

配模及模板位置关系图

模板切割分析

配模布置图

### 配模详细列表

| 简图 | | 规格 | 面积(m2) | 块数 | 总面积(m2) |
|------|------|------|---------|------|-----------|
| 1830 | 915 | 1830*915 | 1.674 | 10729 | 17965.174 |
| 0911 1721 915 | 1830 | | 1.674 | 2 | 3.348 |
| 915 1830 910 325 | 1505 | | 1.674 | 1 | 1.674 |

配模详细列表

现场施工

### ■ 脚手架三维设计

本工程脚手架的布置采用"落地式和悬挑式的方式"进行外脚手架的搭设,与项目工程师加强沟通,一键生成脚手架三维模型,进行脚手架方案的编制,便于后期的三维交底,直观了解工作状态。

脚手架工程

## 1.4  医疗工艺

该项目中，我方借助 BIM 技术的模拟性及可出图性的特点，对医院轨道小车系统进行了运维模拟，医院项目相对于传统的房建项目而言，结构更复杂，节点更多，机电管线系统也更多，尤其是医用管线与轨道，更要注意与结构之间的碰撞以及要满足正常的使用空间，同时也应满足更合理及人性化的运行路线。因此，我方重点将该工艺通过三维模型进行表达，对行进路线进行模拟，辅助各方进行方案的比选和优化，最终方案也会以三维模型及二维图纸的方式进行提交，指导现场施工。

轨道小车效果图

轨道小车渲染图　　　　　　　　轨道小车 BIM 模型　　　　　　　轨道小车 BIM 施工图

## 1.5　其他应用

### ■　虚拟漫游

　　施工过程中,我们以"第三人"的状态进行 BIM 技术集成后的漫游和构件信息的查看,准确把握不同专业之间的位置状态,合理施工。

虚拟漫游

### ■　安全管理

　　临边洞口安全防护:施工过程中,我们将利用 BIM 技术漫游及安全分析功能,查看洞口位置,统计每层指定区域洞口的位置,提前做好安全防护的策划。

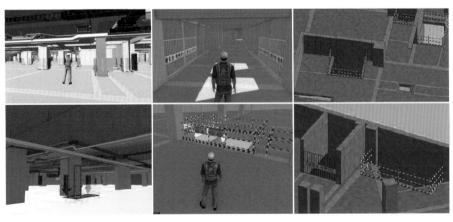

安全管理

## ■ 施工方案合理性模拟

　　本项目利用三维技术对施工总包前期提供的施工方案，进行模拟并组织召开方案交底会议，利用三维模型模拟方案成果论证施工方案是否合理，对于不合理处提出合理建议适时进行调整。

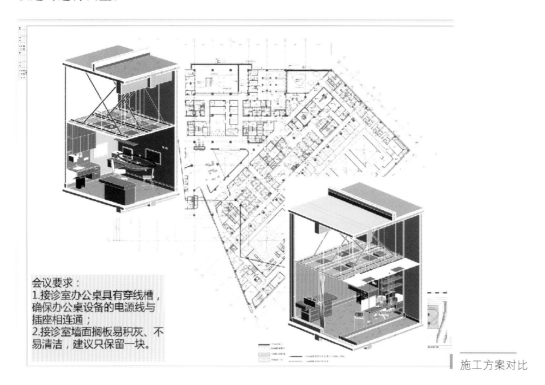

施工方案对比

## ■ 工程量统计

　　工程量统计：基于 Revit 二次开发软件，进行土建、安装等专业工程量的统计，后续我们也会结合 Revit 自带的明细表参数化统计功能，进行统计。

工程量统计

## 1.6　经济效益分析

① 基于 BIM 的三维模型,最大限度地解决了二维设计中很难发现的"错漏碰缺"问题,根据众多项目实践经验,基于 BIM 的三维设计可以避免 80% 以上的设计变更,总计节约成本 190 万元。

② 解决机电管线碰撞问题:风管与污水管等类似碰撞共计 237 处,桥架与风管等类似碰撞 421 处,喷淋管与污水管、桥架等类似碰撞 726 处,共计节约 105 万元。

③ 解决预留洞口精确定位问题:根据市场行情,对项目有问题预留预埋洞口进行核算,共计节约成本 10.8 万元。

总计节约项目成本:190+105+10.8=305.8(万元)

## 2　BIM 应用分析

本项目在施工阶段引入 BIM 技术后,通过对施工阶段工艺工法的模拟,辅助项目各方进行施工方案的决策,大大提高施工方案的可行性。

### 2.1　价值分析

(1) BIM 三维出图方法总结:运用 BIM 技术三维可视化的特点,在项目前期对各专业模型进行碰撞检查、施工模拟、可视化交底,减少在建筑施工阶段可能存在的拆改及返工的情况

(2) 在项目准备阶段,我们进行塔吊覆盖范围可视化的模拟,并对施工现场安全防护进行三维模拟,让作业人员清楚地认识到临边洞口分布位置,使检查管理更加方便、简单。

(3) 配合项目部进行模板三维设计,并对高大模板、汽车坡道、连廊、弧形梁等部位进行细化,为施工方案编制论证提供了依据,服务现场施工,为后续模板工程量的统计做准备。

(4) 利用 BIM 技术可参数化的特点,可以准确快速地计算出项目各阶段、各专业工程量,提升施工预算的精度与效率。

(5) 在施工工期的控制上,例如本项目的雨棚、采光屋顶、大空间可以看到复杂节点的设计,通常施工难度比较大和施工问题比较多,对这些内容的设计施工方案进行优化,可以带来显著的工期和造价改进。在施工过程中因避免了碰撞点的返工、修复,以及开洞减少,因而可计算出节省的费用。

### 2.2　不足之处

(1) BIM 介入时间:本项目中,BIM 团队介入时现场已施工过半,BIM 成果应用的时间有些滞后,没有充分发挥 BIM 技术在项目建设全生命周期的最大价值。

(2) 竣工信息添加:机电设备的采购时间相对滞后,机房内部设备只能采用类似大小尺寸或者图纸中的设备信息进行添加。

（3）辅助竣工结算方面：因BIM模型的搭建规则与传统方式下的工程量计算规则存在差异，导致BIM模型并不能百分之百地用于辅助项目竣工结算工作。

# ③ BIM 应用体会

BIM模型带来的三维信息化平台不但能够直接服务于工程施工，还有效地提供了一个维系设计人员、施工人员、建设人员及其他参加方的协同工作、充分沟通的通道，所以建立在BIM数字化工程模型技术上的施工建设技术是提高工程建设项目的建设质量、实施精度、完工效率、安装水平近乎完美的相互融合的技术。如今，利用BIM技术为医疗卫生体系带来的信息化变革和管理方法改进、运营效率提升等优势，有效地加速社会资源对医院的支持和服务。

# ④ 漫游展示

BIM虚拟漫游可以直观展现图纸设计深度并及时发现设计不足，提高业主决策水平！

漫游视频

（王　斐　华　锴　刘　莹）

南京鼓楼医院江北国际分院

分布式能源站实景

# 第十二章
# BIM技术在医院分布式能源站（CCHP）中的应用

## ——南京鼓楼医院江北国际分院

### 项目概况

南京鼓楼医院江北国际分院坐落于江北新区国际健康城核心功能区，紧邻江北大道快速路。医院一期建筑面积16.7万 m²，开放床位600余张，设有门急诊、病房、医技等部门，组建医疗"小综合体"，借助优化的流程设计、先进的诊疗设备，着力打造多个高精尖特色专科。2019年上半年将陆续建立起以四大中心——"口腔医学中心""健康管理中心""高端生殖医学中心""国际肿瘤中心"为主体的特色医疗。

一期地上建筑面积110 784.09 m²，地下建筑面积55 212.56 m²，建筑朝向为南偏东48.8°。

一期工程包括主楼A、主楼B及地下车库，A、B两栋楼为住院楼，一到三层部分组合成本医院的门诊、急诊和医技部分等，四层部分为设备转换层和病区药房，五层及以上为病区护理单元。其中主楼A地上建筑面积为53 674.09 m²，主楼B地上建筑面积为57 110 m²，地下为满铺地下室，建筑面积55 212.56 m²。

CCHP（分布式能源站）位于医院地下室，地下室地平标高：－6.6 m，为单层建筑，上部为绿化带，能源站占地面积为940 m²。

该项目空调系统设计最大冷负荷为10 600 kW，最大热负荷为8 000 kW，最大生活热水负荷为2 000 kW，最大电负荷为4 300 kW，设计发电机发电量为2 400 kW，其中末端空调系统夏季空调冷冻水进出水温度为17/12℃，冬季空调热水进出水温度为45/55℃，卫生热水进出水温度为60/80℃。主要设备包括：2台1.2 MW燃气内燃机、3台一体化直燃型溴化锂机组、1台水冷冷水机组、2台板式换热器。

# 1 建设目的及主要架构

本项目基于 BIM 技术,利用模型和三维动画实现了 CCHP 项目的机房漫游和机电设备运行流程三维动态展示,更加直观地展示了分布式能源站的运行原理,方便后期运维工作开展。

**决策层**:南京鼓楼医院江北国际分院

**参建方**:中建八局、远大能源公司

**BIM 咨询**:南京天枢云信息技术有限公司

# 2 BIM 技术应用介绍

BIM 技术在工程建设领域应用广泛,涵盖项目设计、施工、后期运维等多个阶段,具体的实际应用包括可视化、碰撞检测、建筑设计、建筑装配、施工顺序、策划和研究、造价估算、可行性分析及环境分析、设施管理、Leed 认证等。本项目主要利用 BIM 技术三维可视化的特点,在机电模型构建和模拟仿真漫游等方面进行实践。

## ■ 机电模型创建

CCHP 项目设备较多、管线复杂,仅靠传统平面图纸难以很全面地展示能源站布局。利用 BIM 技术,创建机电设备和管线三维模型,可直观展示管线在空间的排布,有利于全面掌握机房设备和管线安装情况。

机电管综模拟

## 机房仿真漫游

利用 BIM 软件进行三维模拟，通过漫游、动画等形式提供身临其境的视觉、空间感受，同时更加直观地演示系统运行特点。

机房仿真漫游

## 运行工况模拟

CCHP 能源站有别于传统的冷热源机房，其按照"以热定电、冷热电三联供"的原则配置能源系统设备。制冷、采暖、生活热水制备、供电，每种运行工况都有其各自的运行模式，利用 BIM 技术可以模拟不同工况需求下设备的运行情况，更加直观。

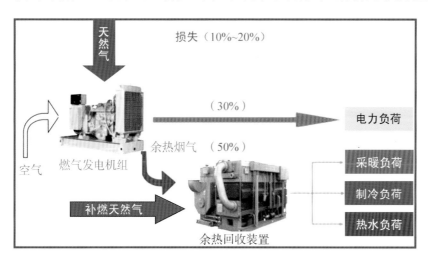

机房系统原理图

### ■ 空调制冷工况模拟

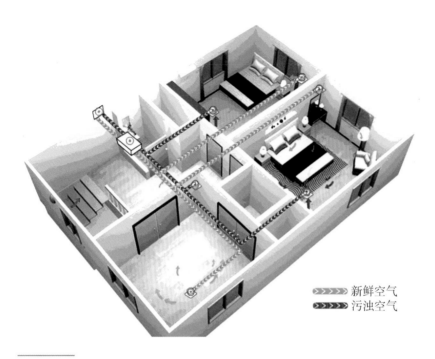

>>>>> 新鲜空气
>>>>> 污浊空气

空调制冷工况模拟

### ■ 采暖及生活热水制备工况模拟

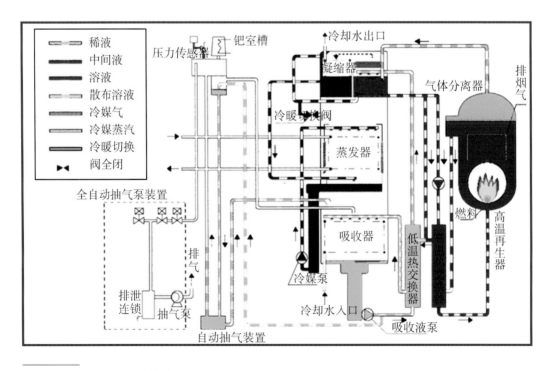

采暖及生活热水制备工况模拟

■ 冷冻站总览

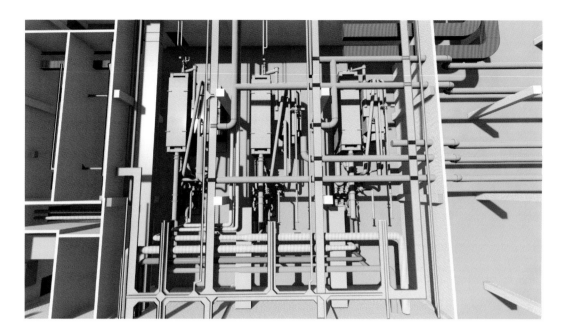

冷冻站总览

# ③ BIM 技术应用展望

## 3.1 设备设施的三维可视化定位、展示和交互

利用BIM的可视化展示和参数化模型，将设备设施进行准确定位，以快速确定故障、预警或关注设备的具体位置，方便信息查看和信息调用。

也可通过点击对象直接进行交互，了解设备设施信息、故障情况，甚至可以利用 VR 技术，直接读取设备运行参数，使运维人员有身临其境之感。

## 3.2 设备设施的运行监控

当设备发生故障时，BIM 模型精准定位报警的设备、位置及影响区域，并可调阅该设备的基本参数，方便后期更换和维护。

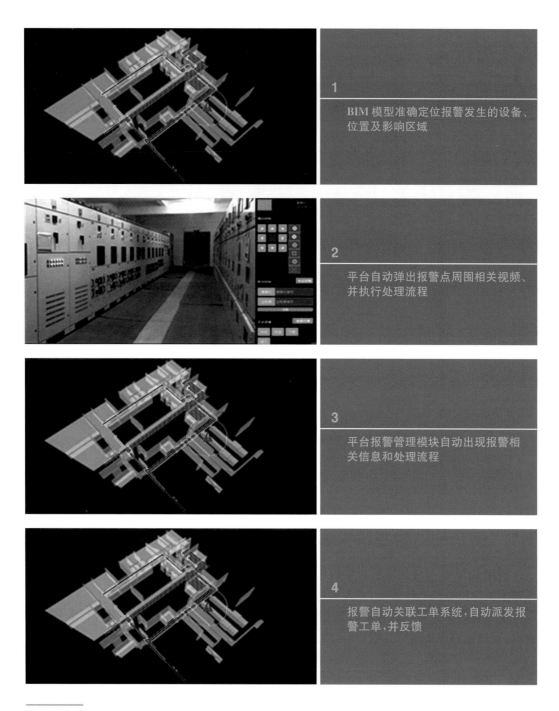

| | |
|---|---|
| 1 | BIM 模型准确定位报警发生的设备、位置及影响区域 |
| 2 | 平台自动弹出报警点周围相关视频、并执行处理流程 |
| 3 | 平台报警管理模块自动出现报警相关信息和处理流程 |
| 4 | 报警自动关联工单系统,自动派发报警工单,并反馈 |

设备设施的运行监控

## 3.3 设备设施的维护计划管理

BIM 富含大量静态和动态数据,可集成设备设施维护保养的多种信息和记录,从而形成海量数据库。

基于此数据库，可针对不同设备、不同状态、不同品牌、不同区域等多维属性，自动生成预防性、预测性、前瞻性的维护计划，保证设备高效运行。

# 4 BIM 技术应用体会

BIM 技术在医院建设设计、施工指导方面已日趋成熟，但在运维方面，更多还处在探索阶段。从医院建筑的全生命周期来看，相对于设计和施工周期，医院运维阶段往往需要持续几十年甚至更久，如何将 BIM 技术作为基础，延续到运维中去，需要更多实践来完善和提升。

视频漫游

（王伟航　张全民）

江苏省肿瘤医院

# 第十三章
# BIM技术在职工餐厅改造中的应用

## ——江苏省肿瘤医院

### 项目概况

江苏省肿瘤医院（江苏省肿瘤防治研究所、南京医科大学附属肿瘤医院，江苏省红十字肿瘤医院），为三级甲等肿瘤专科医院，是江苏省肿瘤防、治、研、教的技术指导中心。

医院职工餐厅位于 9 号综合楼一楼，综合楼建于1995 年。限于当时装修水平和技术，就餐环境和流程已不符合当前卫生学要求，消防安全隐患较多，厨房设备已超期使用，餐厅升级改造势在必行。

本次职工餐厅改造面积约 1 577 m²，分为储存区、加工区、售卖区和就餐区。储存区、加工区和售卖区总面积约1 000 m²，就餐区 577m²，可满足 300 人同时就餐。根据医院临床营养科的要求，此次职工餐厅改造工程中按相关部门标准建造肠内营养配制室和治疗膳食配制室。

# 1 项目组织架构

本项目基于 BIM 技术,成立了以业主牵头各参建方为主的管理团队。为更好地在本项目实施 BIM 信息化管理模式,建立建筑信息模型,成立专门的 BIM 管理团队,同时聘任专业的 BIM 咨询顾问团队协助操作,以确保 BIM 的良好运行。

**决策层**:江苏省肿瘤医院

**参建方**:苏州市华丽美登装饰装潢有限公司

**BIM 咨询**:江苏鑫瑞德系统集成工程有限公司

## ■ 项目特点

➢综合性强,配合协调要求高;

➢工程量大、工期紧、任务重;

➢新技术、新工艺、新材料、新设备推广应用多;

➢系统复杂、综合管线交错密布,施工涉及专业界面多而广。

综上,此次改造拟定以 BIM 咨询管理的方式来进行设计、施工协同,所涉及专业如下:建筑、结构、装饰装修、给排水、消防、排烟、新风、排风、空调、强电、弱电、燃气、蒸汽等管综系统。

# 2 BIM 效果图展示

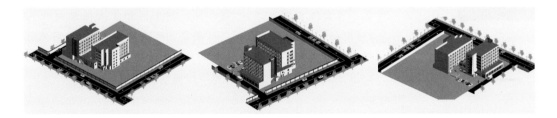

BIM 全景效果图

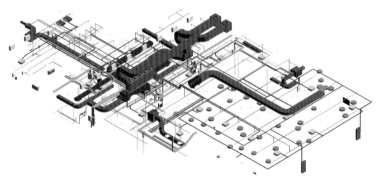

BIM 机电效果图

# 3 BIM 实施方案

## 3.1 设计阶段 BIM 实施工作流程

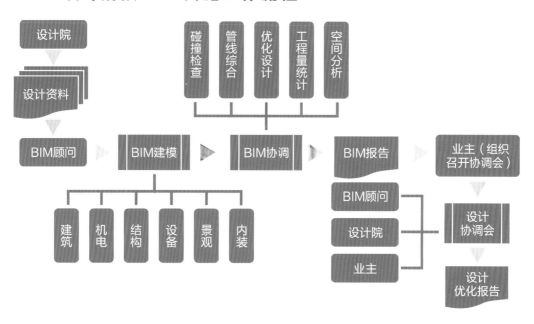

BIM 设计流程图

## 3.2 施工阶段 BIM 实施工作流程

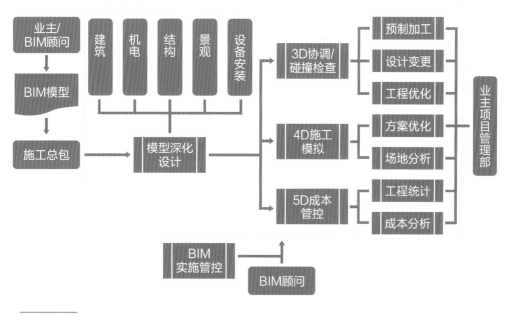

BIM 施工流程图

## 3.3 竣工运维阶段 BIM 实施工作流程

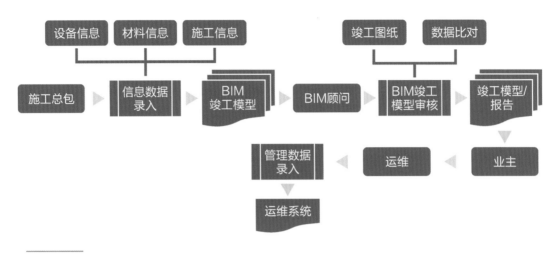

BIM 运维流程图

## 4 项目重、难点及 BIM 措施

本项目为旧房改造,建筑层高受限成为本次施工过程中所需考虑的重点,且机电专

管综碰撞检测

业系统复杂,空间交叉施工多,专业间的协调管理要求高,如何合理地安排机电各专业的施工工序以及管线设备的排布是本工程的重难点。项目小组利用 BIM 技术,将职工餐厅改造工程进行精细化建模,并通过检测碰撞发现了 242 处碰撞点,协调并解决多处施工前存在的问题,预计为本次工程缩短 30 天工期,减少机电工程因管道设备施工过程不符合要求而导致的返工和变更。最终利用 BIM 三维模型及二维施工图结合的方式指导各专业施工单位顺利施工。

# ⑤ BIM 设计阶段

因职工餐厅年代久远,设计各阶段均涉及老旧图纸信息不完整问题,造成改造过程中对图纸信息的忽略,最终影响到成果控制的质量。再加上旧建筑原本设计图纸存在污损褪色,以及设计符号尺寸失准或年代久远与现建筑机电规范出入较大,且 20 年间陆续由不同规模的结构布局的改造变动,正是由于改造初期各类设计信息的模糊性和不确定性,促使部分信息无法得到充分利用,因此本次改造需要在全面拆除后,对所有的建筑结构进行重新勘察测绘,以保证获取最准确的实际数据,进而保证 BIM 设计的准确性。

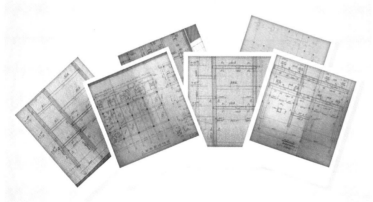

原始图纸

BIM 设计前现场勘察

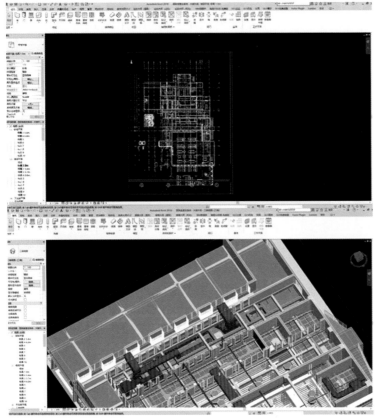

BIM 设计建模

## ⬢6  BIM 施工图会审

  项目改造施工的主要依据是施工设计图纸,施工图会审则是解决施工图纸设计本身所存在问题的有效方法,本次职工餐厅改造工程设计图纸分别由各施工单位完成,图纸设计不完善,信息表达不明确,各专业图纸设计版本较多,施工进度无法把控,无法做到协调统一,后期施工难度增加,工程变更量较多。

  针对这些出现的问题,BIM 咨询单位整合各个施工单位设计图纸及其他工程信息,

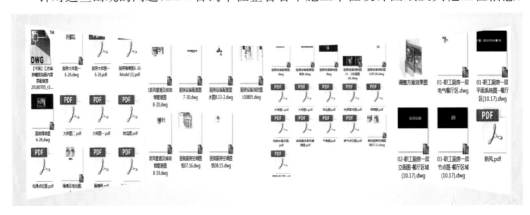

各专业设计图纸汇总

在传统的施工图会审的基础上,结合 BIM 三维模型,对照施工设计图,相互排查。一方面重点检查 BIM 模型的搭建是否准确,另一方面在确保 BIM 模型是完全按照施工设计图纸搭建的基础上,运用 Navisworks Manage 运行碰撞检测,查找各专业设计发生冲突的构件,配合业主、总包、监理、审计等各单位,指导现场各专业施工。

# 7 BIM 施工阶段

本次职工餐厅改造工程主要是装饰装修和机电安装相关专业,施工过程中对于部分管线布置有碰撞、设计不合理,或者某一个专业发生设计变更因而影响其他专业的这些问题,在传统施工中,通常要等到相应部分开始施工时才会发现问题,经过汇报、设计检查、讨论、设计变更、审核批准,发文后才能进行施工。运用 BIM 技术,从模型上就能彻底排除这些弊端,优化以及深化设计,使所有的管道布置在最佳位置,管道和设备后期的运行处于最佳状态。当某一个专业发生设计变更时,只需要在模型上进行修改,运行碰撞检测就能排除对其他专业的影响,迅速将设计变更的相关信息予以发布,参与项目施工建设的各方马上就能收到相关信息并做出相关响应,这样就能在施工前将问题排查清除,大大地节省了工期,减轻了工作量,提高了工作效率。

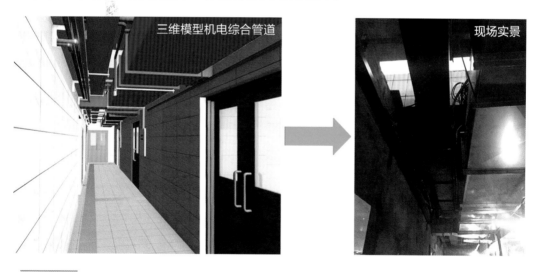

BIM 管综实景对比

## 7.1　新风、排风专业

通过 BIM 建立新、排风三维模型,确定新排风管道标高设定,以及管道路由合理化更改,并通知相关单位,保证工期顺利进行。原设计新风管径主管 800 mm×500 mm,变更为 900 mm×400 mm,排风管径 900 mm×500 mm,变更为 900 mm×450 mm。原设计风管尺寸高度影响过道净高,为提高室内高度而不影响人员行走的舒适度,通过 BIM 技术提前模拟更改尺寸,满足实际需求。出具新排风专业施工图纸及三维效果图,通知相关单位做出相应调整,及时解决施工过程中不必要的返工现象。

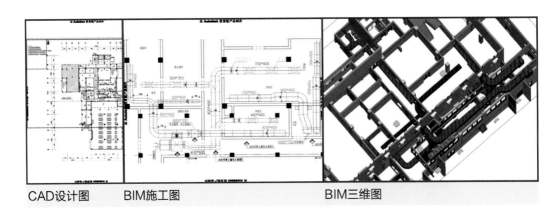

新排风 BIM 施工图

## 7.2  电气专业

通过 BIM 建立强、弱电三维模型,原设计强电主桥架尺寸 500 mm×100 mm,变更为 300 mm×100 mm,弱电桥架 200 mm×100 mm,变更为 100 mm×50 mm。原设计强电桥架尺寸较宽,现场安装过道偏中间位置,导致其他机电管综后续整体安装净宽不够,BIM 工程师经过现场勘查发现问题,及时在工程例会中与相关单位协商解决,利用 BIM 软件一比一模拟现场,出具强弱电专业指导施工图及三维效果图,并通知相关施工单位做出相应调整。

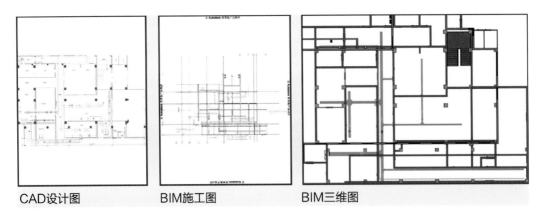

电气 BIM 施工图

## 7.3  消防、排烟专业

经 BIM 三维模型碰撞检查,原设计消防排烟管与新排风管管径较大,过道层高及宽度受限交叉碰撞,后调整避让,原消防排烟管 800 mm×320 mm,现变更为 700 mm×300 mm 风管管径,并协调总包、新排风、消防专业现场确定整改方案,调整设计路由并出具消防专业指导施工图及三维效果图。

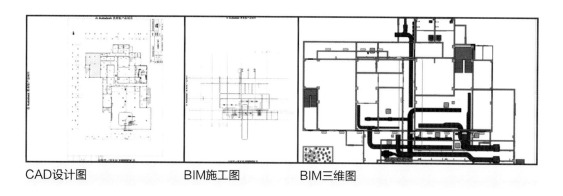

| CAD设计图 | BIM施工图 | BIM三维图 |

消防 BIM 施工图

## 7.4　装饰装修

（1）净高分析

在装修施工前,勘查现场与设计图纸对比,创建 BIM 三维模型,通过三维剖面可以直观地检查到装修设计吊顶高度超出施工现场能满足的高度,协调装修总包及其他单位进行施工前设计变更,重新定义设计标高。

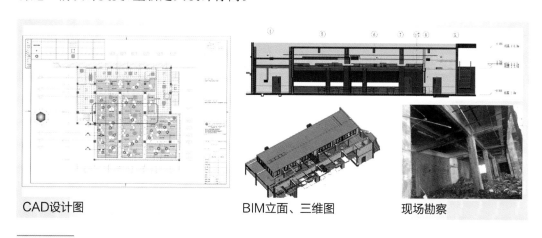

| CAD设计图 | BIM立面、三维图 | 现场勘察 |

内装 BIM 施工图

（2）餐厅家具布置方案比选

根据家具厂家提供的款式,结合已有的装饰布局设计方案,挑选三款符合职工餐厅风格的桌椅,使用 BIM 族功能创建信息模型族构件,并进行餐厅空间布局,桌椅尺寸设计,走道间距仿真模拟,同时利用 BIM＋3DMAX 实施渲染功能,对职工餐厅的装饰布局及家具选型进行对比分析,并通过虚拟漫游等技术进行方案比选,确定最佳方案。

| 食堂餐厅桌椅设计方案一 | 食堂餐厅桌椅设计方案二 |
|---|---|

| 食堂餐厅桌椅设计方案三 | 食堂餐厅桌椅设计方案四 |
|---|---|

餐厅家具桌椅方案比选

## 7.5 4D 施工进度模拟

通过 BIM 与施工进度计划相链接,将空间信息与时间信息整合在一个可视的 4D 模型中,可以直观、精确地反映整个建筑的施工过程。4D 施工模拟技术可以在项目建造过程中合理制定施工计划、精确掌握施工进度、优化使用施工资源,对整个工程的施工进度、资源和质量进行统一管理和控制,以缩短工期、降低成本、提高质量。

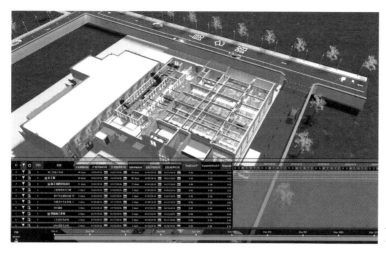

4D 施工进度模拟

## 7.6 BIM＋VR 技术

BIM 模型与 VR 设备的无缝连接,基于 BIM＋VR 的工作方式,VR 技术不但可以体验 BIM 模型的空间与外在展示效果,更可直接选择与读取 BIM 模型中构件的属性,如尺寸、材质、功能等信息。另外可在 VR 眼镜中模仿现实进行 BIM 模型的构件显示切换、间距数据测量、分析甚至构件调整等操作,达到虚拟与现实的真实感受。

VR 虚拟现实

## 8 BIM 在工程竣工运营阶段的价值

在本工程竣工后,BIM 竣工模型应包含详尽、准确的工程信息,为后续的项目运营提供基础。

此 BIM 竣工模型作为一个全面的三维模型信息库,包括本工程建筑、结构、机电等各专业相关模型大量、准确的设备和构件信息,以电子文件的形式进行长期保存。通过此竣工模型,可实现后续物业管理和应急系统的建立,实现建筑物全生命周期的信息交换和使用。

（1）运营信息集成

BIM 模型结合运维管理可以充分发挥空间定位和数据记录的优势,合理制定维护计划,分配专人专项维护工作,以降低建筑物使用过程中突发状况的维修风险的次数。对一些重要设备还可以跟踪维护工作的历史记录,以便对设备的使用状态提前做出判断。此外在三维的环境下,维护人员对于设备的位置十分清楚,大大提高了维护效率。

（2）资产管理

当前医院后勤部门对资产的管理已经逐步从传统的纸质方式中脱离,一套有序的资产管理系统将有效地提升建筑资产或设施的管理水平。但是由于建筑行业和设施管理行业的割裂,使得这些资产信息需要在运营阶段依赖大量的人工操作来录入资产管理系统,这不仅需要更多的系统数据准备时间,而且很容易出现数据录入错误。

BIM 中包含的大量建筑信息能够顺利导入现有的资产管理系统,这对于资产管理而言,减少了系统初始化在数据准备方面的时间及人力投入。

（3）灾害应急模拟分析

医院职工餐厅作为容易引发火灾的人流密集型重要场所,安全是第一位的。而直接影响安全的因素,除房屋结构外,还包括各类灾害对其造成的破坏以及由此引发的连锁反应。利用 BIM 模型及相应灾害分析模拟软件,可以在灾害发生前以模型和灾害预警信息为基础,模拟灾害发生的过程,分析灾害发生的原因,制订避免灾害发生的解决措施,以及发生灾害后人员疏散、救援支持的应急预案。

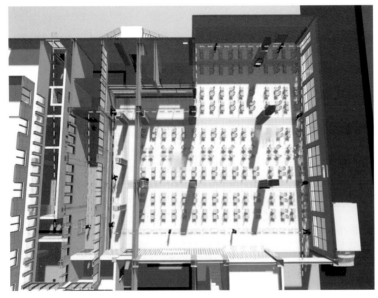

应急模拟

# 9 结　语

在医院职工餐厅建设过程中,BIM不只是一个简单的建筑数字模型,它更是一个数字化的信息平台。

在项目完成后的移交环节,后勤管理部门需要得到的不只是常规的设计图纸、竣工图纸,还需要正确反映真实的设备、材料安装使用情况,常用件、易损件等与运营维护相关的文档和资料。可实际上这些有用的信息都被淹没在不同种类的纸质文档中,而纸质的图纸具有不可延续性和不可追溯性。BIM模型能将建筑物空间信息和设备参数信息有机地整合起来,为获取完整的建筑物全局信息提供平台。通过BIM模型与施工过程的记录信息相关联,甚至包括隐蔽工程图像资料在内的全生命周期建筑信息集成,不仅为后续的后勤管理带来便利,并且在未来进行翻新、改造、扩建过程中为业主及项目团队提供有效的历史信息,减少交付时间,降低风险。

视频漫游

（任　凯　李　磊　宣　荣　原慧生）

丹阳市人民医院

# 第十四章
# BIM技术在手术室建设中的应用
## ——丹阳市人民医院

### 项目概况

丹阳市人民医院新建门急诊住院综合大楼，位于江苏省丹阳市新民东路（丹阳市人民医院内），总建筑面积 50 384.8 m²（其中地下建筑面积 5 846.5 m²，地上建筑面积 44 538.3 m²），地下 2 层、地上 20 层，建筑高度 83.75 m。

手术室区域位于大楼的四层及五层，总建筑面积约 6 000 m²。四层洁净手术部共设置手术室 16 间、配套辅助用房及洁净内外走廊，其中 I 级手术室 3 间，III 级手术室 9 间，其余手术室为普通手术室（OP1 为负压手术室）。五层包括医护办公区和净化机房，医护办公区设置了办公室、会议室、更衣室及值班室等，净化机房的净化空调系统共采用了 13 台医用卫生型空调机组＋2 台医用卫生型空调新风机组。

手术室是为病人提供手术及抢救的场所，作为医院的重要组成部分，其建设要求高且涉及建筑、结构、暖通、电气、医用气体、给排水、自控、消防等专业，专业交叉多。手术室工程质量直接影响着医院项目的整体性能质量。

如何快速而稳妥地建设高质量的手术室？ BIM 是一个关键部分。

本案例就丹阳市人民医院新建门急诊住院综合大楼项目在手术室中如何将 BIM 应用到设计、施工阶段当中，进行深入地介绍分析，旨在帮助读者理解 BIM 技术在手术室建设中的应用。

# 1 BIM 应用内容

## 1.1 设计阶段 BIM 应用

设计阶段 BIM 应用的重点主要有模型的搭建、团队协作、平面方案可视化展示、房间颜色填充图例、装饰方案比选、CFD 气流组织模拟、效果图渲染、净高分析、管线综合优化、碰撞检测、漫游、导出 CAD 施工图及三维剖视图。

（1）模型的搭建

根据方案或施工图纸，进行三维信息化建模，形成初步模型。

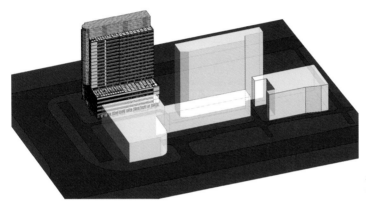

BIM 模型搭建

（2）团队协作

使用工作共享，将 Revit 项目细分为工作集（建筑师、结构师、暖通师……），团队成员共享一个中心模型的不同图元，也可以对中心模型的本地副本同时进行设计更改。

工作集

（3）平面方案可视化展示

相较于二维CAD平面方案图，BIM模型更直观地展现整个工程布置方案，房间的布局、室内家具器械、工作流程一目了然，客户更容易理解设计意图，方便对方案进行讨论。

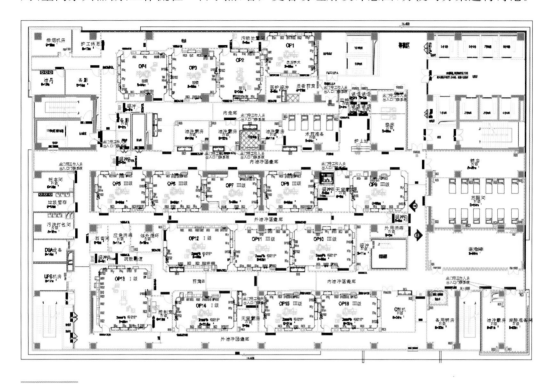

二维CAD平面方案图

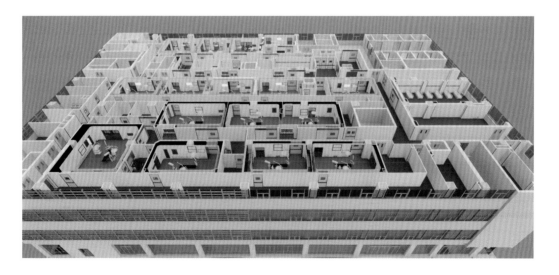

三维模型图

（4）房间颜色填充图例

根据特定值或值范围，将颜色和填充样式应用到房间、面积、空间和分区。每个房间有对应的配色，通过颜色图例，可以迅速找到相匹配的房间。

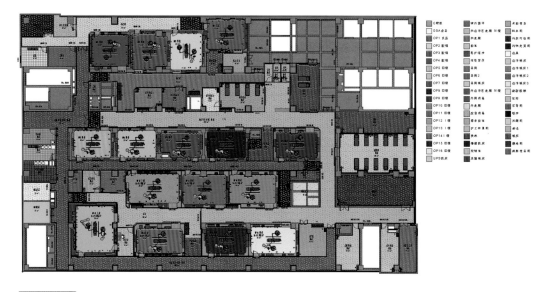

房间颜色填充图例平面图

（5）装饰方案比选

使用自建真实材质库快速选择手术室颜色搭配方案，实时渲染展示给客户。

常用手术室材质库

手术室装饰方案 1

手术室装饰方案 2

（6）CFD 气流组织模拟

将手术室模型导入 Autodesk CFD 中进行传热和流体流动模拟分析，得出手术室流场特性分布规律，核算暖通设计参数的合理性，并进行参数优化。

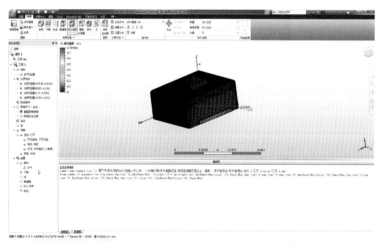

单间手术室 CFD 气流组织模拟

（7）效果图渲染

通过渲染器，及时为建筑模型创建照片级真实感图像。

手术室模型三维图

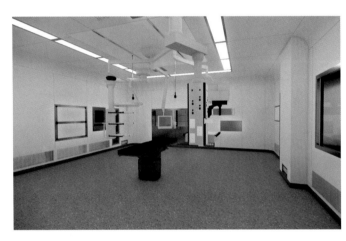

手术室渲染效果图

（8）净高分析

标注各房间区域净高，并对低于设定净高的管线进行分析，找出解决方案。

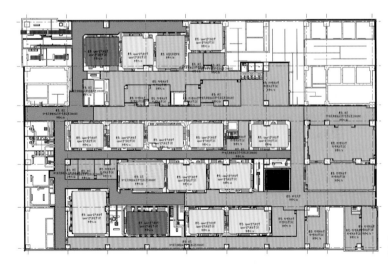

净高分析报告

（9）管线综合优化

将本项目机电各专业模型整合到一起，包括暖通空调、电气、医用气体、给排水、自控、消防等，查看各专业模型的管线综合排布情况，进行模型深化，在满足设计要求的情况下优化排布。

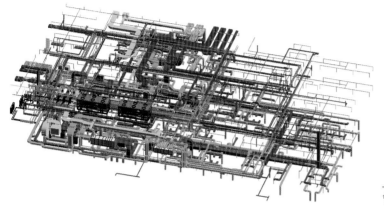

管线综合

（10）碰撞检测

检测整个项目模型各专业间的交叉碰撞位置点，生成碰撞报告，并进行碰撞点的调整。

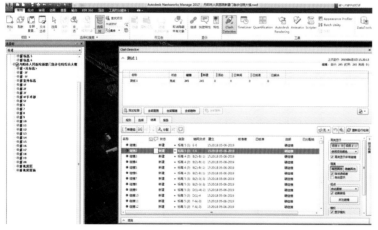

碰撞测试

碰撞报告

（11）漫游

通过定义建筑模型的相机路径，创建动画或一系列图像，向客户展示模型。可以将漫游导出为 AVI 或图像文件。

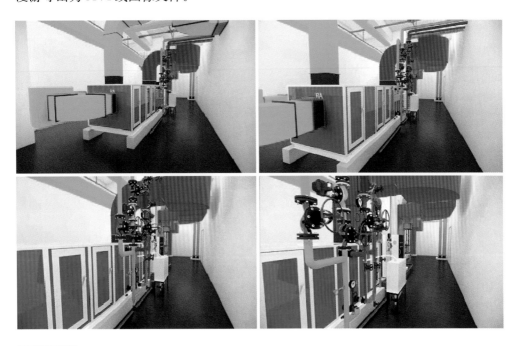

漫游图像

（12）出 CAD 施工图及三维剖视图

调整完碰撞后的综合管线，可以快速生成二维 CAD 图、三维剖视图，指导施工。通过二维、三维的结合，使图纸表达更明确，避免实际施工过程中出现安装失误。

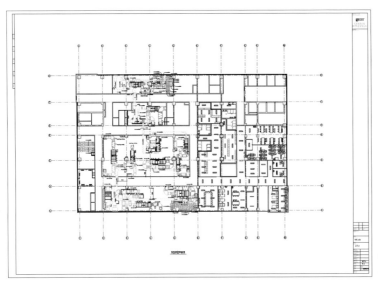

五层风管平面图

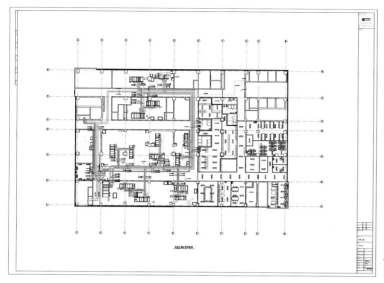

五层空调水管平面图

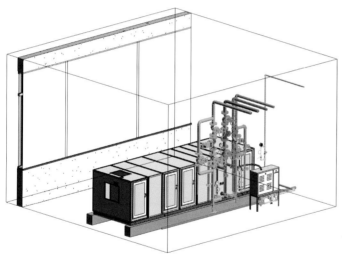

空调机组水管接管剖视图

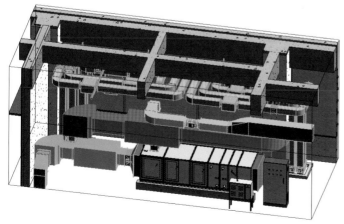

空调机组风管接管剖视图

## 1.2 施工阶段 BIM 应用

施工阶段 BIM 应用的重点主要有预留孔洞、工程量统计、预制加工、技术交底、二维码扫描指导施工、样板间仿真模拟、工艺模拟、施工模拟、基于平台的协同、移动端随身应用。

（1）预留孔洞

通过土建与机电专业模型的协同，将 BIM 模型中所有穿墙、板的风管、管道和桥架统筹考虑，在墙、板上预留孔洞，预埋套管，做到"一墙/板一图，照图施工"，杜绝了后期机电开凿的二次破坏和大量洞口封堵，有效地减少了人、材、机的消耗，大幅度提升施工质量。

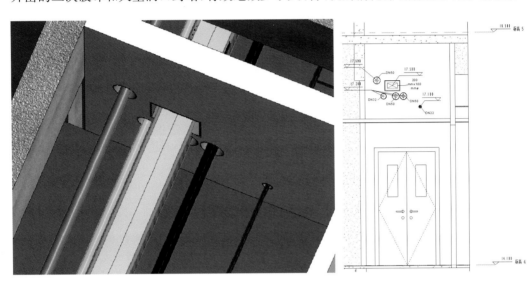

穿墙预留孔洞图

（2）工程量统计

Revit 可以直接统计出工程量清单，而且通过定义项目阶段（如拆除和改造）并将阶段过滤器应用到视图和明细表，能够显示不同工作阶段期间的项目与各个阶段对应的完整且附带明细表的项目文档，为公司预算人员、材料人员提供依据。

〈01风管明细表〉

| A | B | C | D | E | F |
|---|---|---|---|---|---|
| 施工阶段 | 系统类型 | 宽度 | 高度 | 长度 | 风管面积 |
| 已完成 | 排烟道 | 200 | 160 | 13.2 m | 9.49 |
| 已完成 | 排烟道 | 200 | 200 | 13.53 | 13.53 |
| 已完成 | 排烟道 | 250 | 200 | 8.1 m | 7.26 |
| 已完成 | 排烟道 | 320 | 200 | 25.4 m | 26.44 |
| 已完成 | 排烟道 | 320 | 320 | 4.6 m | 5.95 |
| 已完成 | 排烟道 | 400 | 200 | 17.5 m | 20.95 |
| 已完成 | 排烟道 | 400 | 250 | 33.3 m | 43.31 |
| 已完成 | 排烟道 | 400 | 400 | 16.8 m | 26.86 |
| 已完成 | 排烟道 | 400 | 500 | 5.0 m | 5.95 |
| 已完成 | 排烟道 | 400 | 630 | 2.7 m | 5.54 |
| 已完成 | 排烟道 | 500 | 200 | 5.3 m | 7.44 |
| 已完成 | 排烟道 | 630 | 400 | 36.8 m | 64.76 |
| 已完成 | 排烟道 | 630 | 320 | 5.1 m | 9.74 |
| 已完成 | 排烟道 | 630 | 400 | 15.4 m | 31.79 |
| 已完成 | 排烟道 | 800 | 320 | 35.5 m | 79.52 |
| 已完成 | 排烟道 | 1000 | 400 | 49.2 m | 137.67 |
| 已完成 | 排烟道 | 1000 | 500 | 1.0 m | 2.99 |
| 手术层第一阶段 | 回风 | 250 | 250 | 106.2 m | 106.18 |
| 手术层第一阶段 | 回风 | 320 | 250 | 9.4 m | 10.77 |
| 手术层第一阶段 | 回风 | 320 | 320 | 2.0 m | 2.55 |
| 手术层第一阶段 | 回风 | 400 | 250 | 2.2 m | 2.81 |
| 手术层第一阶段 | 排风 | 200 | 200 | 9.1 m | 7.31 |
| 手术层第一阶段 | 送风 | 250 | 250 | 30.8 m | 30.84 |
| 手术层第一阶段 | 送风 | 200 | 200 | 4.6 m | 3.68 |
| 手术层第一阶段 | 送风 | 250 | 250 | 42.6 m | 42.58 |
| 手术层第一阶段 | 送风 | 320 | 250 | 4.5 m | 5.09 |
| 手术层第一阶段 | 送风 | 400 | 250 | 1.9 m | 2.48 |
| 手术层第一阶段 | 送风 | 400 | 320 | 8.5 m | 12.22 |
| 手术层第一阶段 | 送风 | 400 | 400 | 1.1 m | 1.82 |
| 手术层第一阶段 | 送风 | 500 | 400 | 4.3 m | 7.81 |
| 手术层第一阶段 | 送风 | 500 | 500 | 0.7 m | 1.31 |
| 手术层第一阶段 | 送风 | 630 | 500 | 3.7 m | 8.36 |
| 手术层第二阶段 | 回风 | 200 | 200 | 6.9 m | 5.52 |
| 手术层第二阶段 | 回风 | 250 | 250 | 112.8 m | 112.77 |
| 手术层第二阶段 | 回风 | 250 | 320 | 0.1 m | 0.11 |
| 手术层第二阶段 | 回风 | 320 | 250 | 21.9 m | 24.93 |
| 手术层第二阶段 | 回风 | 320 | 320 | 9.2 m | 11.81 |
| 手术层第二阶段 | 回风 | 400 | 250 | 2.3 m | 3.04 |
| 手术层第二阶段 | 回风 | 400 | 400 | 1.0 m | 1.62 |
| 手术层第二阶段 | 回风 | 500 | 400 | 1.9 m | 3.50 |

风管明细表

（3）预制加工

基于 BIM 模型,将所有需要预制的设备、构件导出预制加工详图,供工厂车间采用自动化设备进行加工生产,直接导出的模型图纸确保了设备和构件的预制尺寸的准确度。

器械柜三维模型

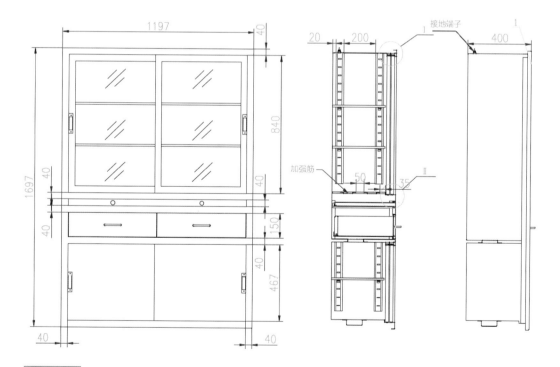

器械柜预制加工详图

工厂车间预制

（4）技术交底

BIM 技术三维可视化交底较传统的交底方式更直观、更全面,操作简单,便于理解,使技术交底工作在效率上得到有效的提升,还可以让建筑施工现场的工作人员更加全面地了解具体工作流程。

现场可视化技术交底

（5）二维码扫描指导施工

生成构件二维码,在二维码中储存着大量的构件信息,利用项目管理平台,无论是现场管理人员还是工人只需用手机扫描二维码即可查看 BIM 成果。

项目管理平台查看二维码

| 商品详情 | |
| --- | --- |
| 构件ID | 159020180 |
| 构件名称 | 排风机 |
| 构件编号 | PF-04-02 |
| 构件型号 | SJ-8NL3C |
| 构件位置 | 设备层 |
| 供应区域 | 低温灭菌间 |
| 主要参数 | Q=400m³/h  Pq=250Pa  P=230W  V=380V |
| 生产厂家 | 江苏达实久信医疗科技有限公司 |

二维码及构件信息

（6）样板间仿真模拟

利用"BIM＋二维码＋全景"技术，实现 BIM 精细化建模，通过二维码技术实现可视化，

手术室全景二维码

设备层全景二维码

现场扫描二维码

便可进行全景观看，加强了施工现场的可视性、具象性和趣味性。

（7）工艺模拟

利用完成的模型进行动画编辑，将模型文件以施工逻辑串联成完整的视频，通过动态视频预先演示施工现场的施工流程、复杂工艺及节点表现等内容。

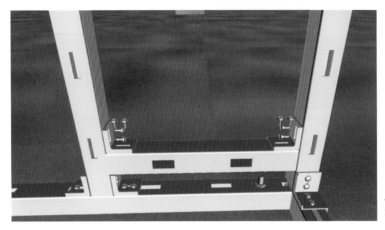

地龙骨安装节点图

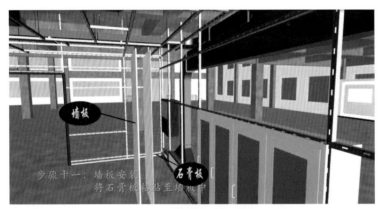

墙板安装工艺

（8）施工模拟

通过 Autodesk Navisworks 的"TimeLiner"工具，结合项目的时间进度计划，进行施工方案的分析优化、进度和费用模拟，预演整个施工过程，提高计划的可行性及安全性。

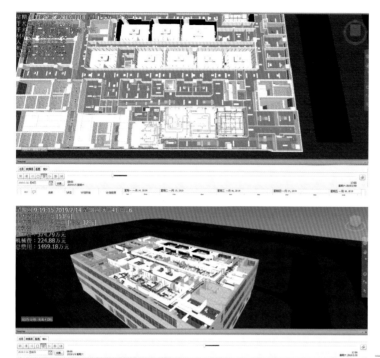

施工模拟

（9）基于平台的协同

基于项目管理平台，可快速上传模型、材质贴图、图片与文档，参建各方随时随地共享、在线浏览审核、问题标注，并发起任务解决。

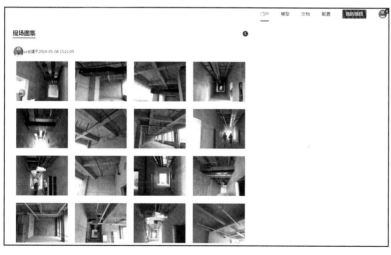

现场图集发布

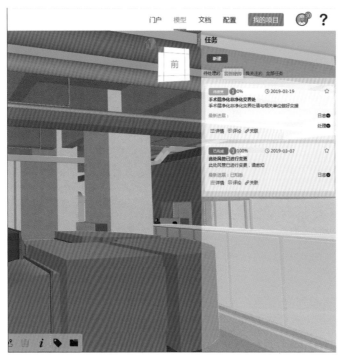

任务提醒

（10）移动端随身应用

移动端可快速进行项目三维模型浏览、项目文档查阅，还可以通过微信公众号实时掌握工程动态信息。

移动端随身应用

## ❷ 应用总结

　　本项目在手术室建设的设计、施工阶段中通过采用 BIM 技术,实现了项目的参数化、可视化,有效提高了参建各方的沟通协调效率,提高了设计质量,协调了各专业的碰撞问题,避免后期返工,实现了精准下料,减少了材料浪费,辅助工厂预制加工,实现了模块化安装,提高了施工质量和效率,节约了项目工期,同时还培养了一批懂 BIM 的一线管理人员。

　　后续会努力将 BIM 技术与中央空调管理节能系统、中央空调节能控制系统、城市能源监测管理平台等医院后期运维管控平台相结合,把 BIM 模型导入运维管理系统中,利用 BIM 模型的大量数据信息,作为管控平台的实时数据库,实现模型和建筑物的关联,进行整体管理管控,最终实现系统高效运作的同时,降低能源消耗。

　　希望未来通过 BIM 技术,能够真正地实现医院手术室从设计到运维全生命周期管理。

视频漫游

(朱永涛　储元明　冯培兵　耿海艳　刘长青)

东南大学附属中大医院全景图

# 第十五章
# BIM技术在医院
# 地下管线中的应用
## ——东南大学附属中大医院

### 项目概况

　　东南大学附属中大医院始建于 1935 年，其前身为中央大学医学院附属医院，是江苏省唯一教育部直属"双一流""985""211"工程重点建设的大学附属医院，也是江苏省首批通过卫生部评审的综合性三级甲等医院。

　　东南大学附属中大医院位于南京市丁家桥 87 号，建筑面积为 19.38 万 m²，地下室面积 1.2 万 m²。其中二号楼 7.6 万 m²，于 2014 年获得鲁班奖。

# 1 概述

　　地下管线是医院基础设施的重要组成部分,信息技术的发展对医疗环境的建设提出了更新、更高的要求,同时地下管线的分布种类和数量也在不断增加,已成为医院赖以生存与发展的生命线。传统的地下管线埋设时,因为种种原因,施工过程中位置调整较多,信息资料不完整,造成维修及改建过程中经常出现错位、挖断挖伤地下管线及连锁的停水、停气、停电、通信中断、污水溢出等事故,严重的甚至出现爆炸事故。

　　如何高效、实时地管控这些地下设施,也就成了医院运维管理的一项重要任务,尤其是新老建筑结合的医院,管线多,年代长,变化大,对地下管线的探测,保障地下管线安全的需求更加迫切。

　　本文结合东南大学附属中大医院地下管线运维系统项目介绍 BIM 技术在地下管线运维管理中的应用。

中大医院门诊综合楼

# 2 项目方案设计

## 2.1 设计原则

　　**实用性**:按照设备设施的空间位置及数据化管理,数据的完整性能够满足医院的管理需求,具有广泛的实用性,以达到整个医院的地下管线系统高效率运营。

　　**拓展性**:系统对设备信息的不定性预留数据空间,保证设备任何不同的数据信息都可以进行数据化录入管理,实现设备及管线信息的兼容性,同时预留与其他智慧系统的对接的数据空间和接口。

　　**共享性**:各业务管理人员可通过各类统计数据对各分类的设备及管线信息、运行情况进行查询,可以使管理人员以及工作人员以最便捷的方式获取所有项目的情况。

　　**安全性**:对各使用用户进行权限分级,实施权限控制,并且平台前后台分离管理,对数据的安全性和可靠性提供了有效的保障。

**实时性**：在线对平台的有效操作均可以实时更新，同时获取的各类设备、统计数据信息都是实时有效的，为所有使用人员提供了最新有效的数据。

**方便性**：地下管线运维系统的操作简单、界面友好、方便易学。

## 2.2　三大功能

（1）空间位置管理

利用BIM建立一个地下管线的可视三维模型，所有设备位置和信息都可以从模型里调用。

可以显示所有地下管网的空间位置，如污水管、排水管、网线、电线以及相关管井，并且可以在图上直接量取相互位置关系。

基于BIM为核心的物联网技术应用，不但能为建筑物实现三维可视化的信息模型管理，而且为建筑物的所有组件和设备赋予了感知能力和生命力，从而将建筑物的运行维护提升到智慧建筑的全新高度。

（2）设备运行监控

地下管线系统集成了对设备的搜索、查阅、定位功能。通过BIM，可以查阅所有设备信息，如供应商、使用期限、联系电话、维护情况、所在位置等；该管理系统可以对设备的生命周期进行管理，比如对寿命即将到期的设备及时预警和更换配件，防止事故发生。

同时，地下管线系统可以监控设备运行状态，所有设备是否正常运行在系统显示界面上直观显示，例如绿色表示正常运行，红色表示出现故障等。

对每个设备，都可以查询其历史运行数据。

（3）应急管理

基于BIM技术的优势是在于管理没有任何盲区。传统的突发事件处理仅仅关注响应和救援，而智慧运维对突发事件管理包括：预防、警报和处理。

例如水管气管爆裂等突发事件：通过BIM系统，我们可以迅速定位井盖及控制阀门的位置，立即到达事故现场，避免了因处理不及时而可能酿成灾难性事故。

## 2.3　东南大学附属中大医院项目目标

（1）完成运维BIM

老院区与新院区的一体化完整管线分布。

完善补齐地下管线的缺漏项。

（2）建立地下管线运维系统

通过软件系统，完成可视化、科技化运营，实现各项功能的联动，有机融合BIM、GIS、IBMS、IOT等技术。

（3）数据收集与统计

重点关注设备维修、保养、设备运行状态监控、故障预警等，为设施设备管理、运营、维护、决策提供科学的技术手段和决策依据。

## ③ 系统总体设计

地下管线系统是通过建立基于"物联网"的设施设备信息化管理系统、设备运行状态管理系统,实现设施全生命周期管理,实现设备区域性集约化管理,减少现场巡查技术人员的投入,提高现场设备监控维护品质,以更快速度响应设备突发预警情况。

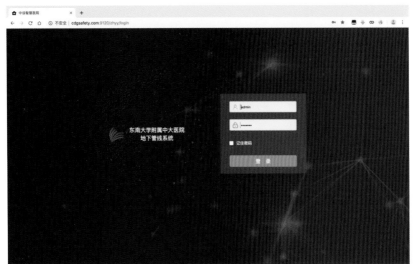

系统登录界面

地下管线系统将相应设施设备信息、动态、能耗全部呈现在线上,在实现后勤总管、项目分管二级管理需求的基础上,实现设施设备的大数据、可视化、智慧化运行和管控。

系统显示界面

### 3.1　系统总体架构设计

**现场设备层**:各类传感设备、远程控制设备,按需部署在地下管线设施现场,实现各类数据采集、业务控制功能。

**网络传输层**：实现现场设备和中心设备的连接，完成前后台数据联系。

**业务系统层**：针对现场控制的各类外场设备进行管理，实现特定业务操作，该层次主要单一业务管控，难以做到综合管理和联动。

**综合运管层**：针对管理业务需求实现对各种业务的综合管理，支持多系统间的数据交互、业务联动和综合分析决策。综合运管层是整个智慧地下管线建设内容的核心，起到对多个业务系统进行集成控制的作用。

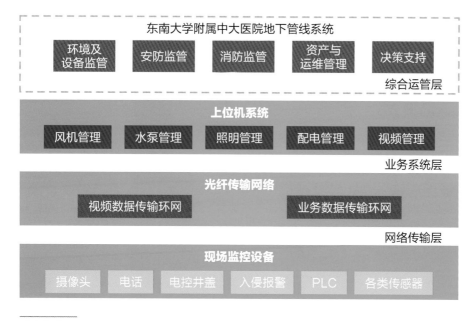

系统架构图

## 3.2　系统 BIM 相关功能说明

（1）图形浏览

首页可浏览地下管线整体布局。

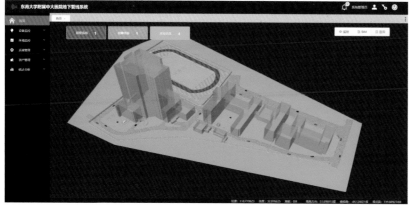

地图浏览

（2）告警监控

展示当日需要进行的检修工作，分为报警信息、故障信息。每个报警监控信息可点击查看详细内容。存在告警区段以高亮颜色标注。

预警提醒

当点击每一条的报警信息时，可跳转到对应的监测详情界面，如点击环境报警事件，可调转到环境与设备监控功能的环境监测模块，具体可见该功能模块的操作说明。

（3）地图展示

对于地图关键因素进行分图层展示，用户可点击选择要加在显示的图层，相应图层会动态显示在地图位置上。

也可以选取不同专业类型实现三维展示，例如单独显示氧气管线空间位置。

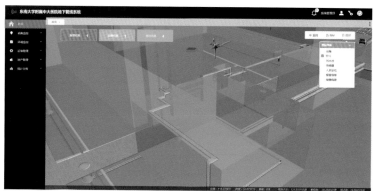

地图展示

## 3.3　环境与设备监控

综合监控实现地下管线现场环境实时监测、异常状态的告警和监控设备的联动控制,并可实时调用现场监控视频进行查看。主要包括环境监测、状态监测、设备控制和视频监控 4 个模块。

BIM 模型中标识出各个环境监测及设备监控的信息点位分布。

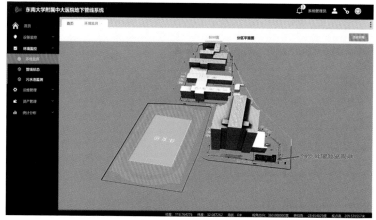

环境监测点位及设备位置分布

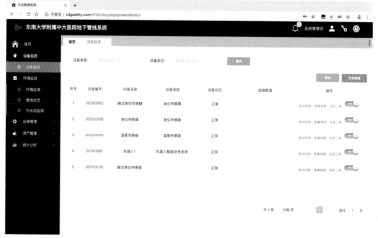

传感器及设备信息

## 3.4  管线状态监测

管线状态查询

## 3.5  设备监控

对设备状态进行实时监测，包括设备的监测数值及开关状态、设备运行状态的直观展现。

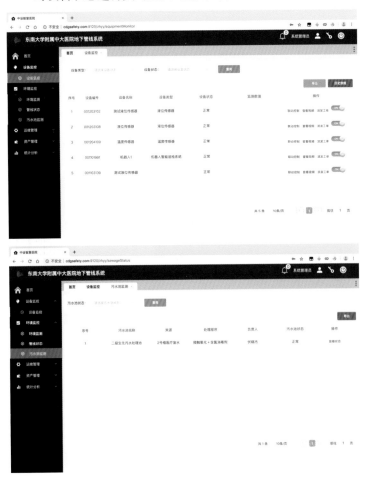

设备监控

设备状态监测可提供多条件查询，并提供报表，可导出下载。

设备监控查询

## 3.6 检修管理

生成一条检修计划，安排相关检修人员进行检修工作，可查看检修工单的详细信息，并对检修工单进行增、删、改、查等操作。

检修管理

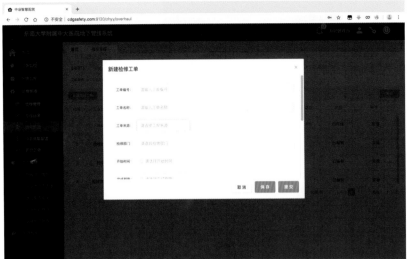

新建检修工单

## 3.7 设备资产管理

对设备信息进行列表展示,可展示设备的详细信息,并可对设备信息进行增、删、改、查等操作。

设备资产管理操作

设备信息可提供多条件查询,并提供报表,可导出下载。

## 3.8　备品备件管理

（1）备品备件族库

首先需建立备品备件 BIM 族库，创建备品备件信息，再进行新增、修改、删除、查询等操作。以污水处理池中的变送器为例：

深圳市长利来科技有限公司 SUNTEK PC—3110 微电脑酸碱度/氧化还原电位变送器（Transmitter）。

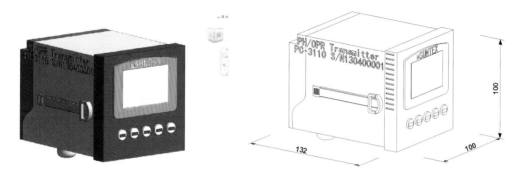

| 机型 | | PC—3110 |
|---|---|---|
| 测试项目 | | pH/ORP/Temp |
| 测试范围 | pH | $-2.00\sim16.00$ pH |
| | ORP | $-1999\sim1999$ mV |
| | Temp | $-30.0\sim130.0$℃ |
| 解析度 | pH | 0.01 pH |
| | ORP | 1 mV |
| | Temp | 0.1℃ |
| 精确度 | pH | $\pm0.01$ pH（$\pm1$ Digit） |
| | ORP | $\pm0.1\%$（$\pm1$ Digit） |
| | Temp | $\pm0.2$℃（$\pm1$ Digit）具温度误差修正功能 |

备件族库模型及信息

（2）备品备件信息管理

对备品备件信息进行列表展示，可展示备品备件的详细信息，并可对备品备件信息进行增、删、改、查等操作。

备品备件管理

（3）入库管理

备品备件入库时，应记录备品备件的入库记录并展示。

备品备件新增入库

# 3.9 统计分析

对地下管廊（线）的资产、运维工作进行统计分析，以图形化的方式进行展示。

（1）环境专题

对环境事件进行归档、并可进行多条件的查询统计，用户可根据需要进行条件设定，统计相关数据。

环境专题

（2）设备专题

对设备事件进行归档、并可进行多条件的查询统计，用户可根据需要进行条件设定，统计相关数据。

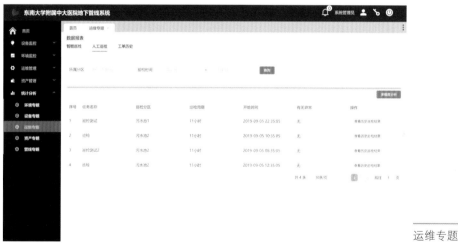

运维专题——工单历史

（3）分析

① 对环境事件数据进行多维度的统计分析：通过统计每个月份发生环境异常的数量，分析环境异常与月份的关系，判断哪些月份为异常高发时间，依据此做出相关防范措施。通过统计每种类型环境异常的数量，判断哪种环境异常为高发概率，依据此做出相关防范措施。通过统计每个分区固定时间（年内）发生环境异常的数量，判断哪些路段及分区为异常高发地点，依据此做出相关防范措施。

② 对设备事件进行多维度的统计分析：通过统计每个月份发生设备异常的数量，分析设备异常与月份的关系，判断哪些月份为异常高发时间，据此做出相关防范措施。通过统计每种类型设备异常的数量，判断哪种设备异常为高发概率，据此做出相关防范措施。通过统计每个分区固定时间（年内）发生设备异常的数量，判断哪些路段及分区为设备异常高发地点，依据此做出相关防范措施。

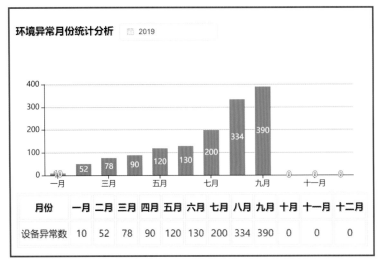

| 月份 | 一月 | 二月 | 三月 | 四月 | 五月 | 六月 | 七月 | 八月 | 九月 | 十月 | 十一月 | 十二月 |
|------|------|------|------|------|------|------|------|------|------|------|--------|--------|
| 设备异常数 | 10 | 52 | 78 | 90 | 120 | 130 | 200 | 334 | 390 | 0 | 0 | 0 |

环境专题月数据统计

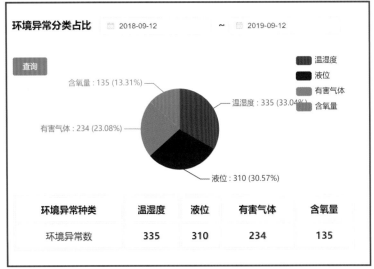

| 环境异常种类 | 温湿度 | 液位 | 有害气体 | 含氧量 |
|------|------|------|------|------|
| 环境异常数 | 335 | 310 | 234 | 135 |

环境专题分类数据统计

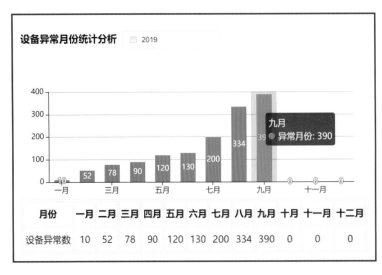

| 月份 | 一月 | 二月 | 三月 | 四月 | 五月 | 六月 | 七月 | 八月 | 九月 | 十月 | 十一月 | 十二月 |
|------|------|------|------|------|------|------|------|------|------|------|--------|--------|
| 设备异常数 | 10 | 52 | 78 | 90 | 120 | 130 | 200 | 334 | 390 | 0 | 0 | 0 |

设备专题月数据统计

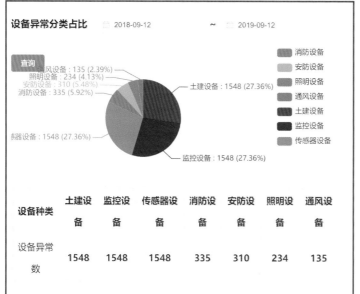

设备专题分类数据统计

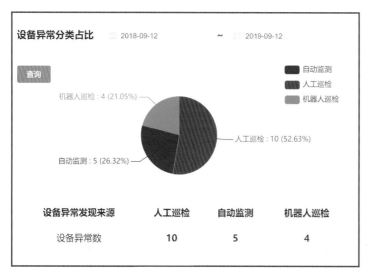

设备专题分类来源数据统计

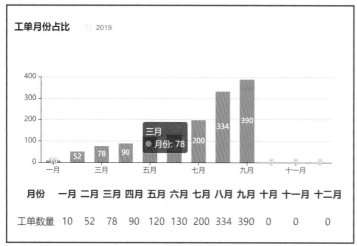

运维专题月数据统计

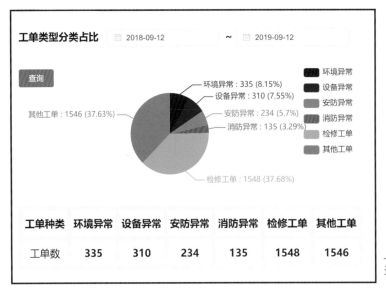

运维专题分类数据统计

| 工单种类 | 环境异常 | 设备异常 | 安防异常 | 消防异常 | 检修工单 | 其他工单 |
|---|---|---|---|---|---|---|
| 工单数 | 335 | 310 | 234 | 135 | 1548 | 1546 |

③ 对运维数据资源及事件进行多维度的统计分析:通过统计每个月份工单的数量,分析工单与月份的关系,判断哪些月份工单处理工作量大,依据此做出相关防范措施。通过统计每种类型工单的数量,判断哪种类型的事件容易产生工单,据此做出相关防范措施。通过统计每个分区固定时间(年内)发生工单的数量,判断哪些路段及分区为工单高发地点,依据此做出相关防范措施。

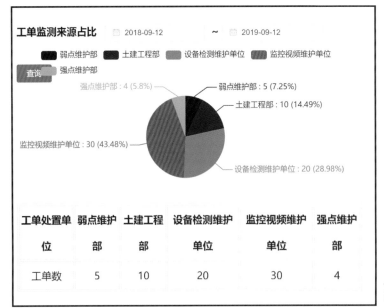

运维专题数据统计

| 工单处置单位 | 弱点维护部 | 土建工程部 | 设备检测维护单位 | 监控视频维护单位 | 强点维护部 |
|---|---|---|---|---|---|
| 工单数 | 5 | 10 | 20 | 30 | 4 |

④ 对地下管廊(线)资产数据信息进行多维度的统计分析:通过统计每种设备资产的数量,对地下管廊(线)资产有总体的掌握。通过统计每种类型库存领用的数量,判断哪种设备需要进行库存备份,据此做出相关防范措施。

资产专题设备数据统计

| 资产类型 | 照明设备 | 通风设备 | 安防设备 | 消防设备 | 防灾报警设备 | 设备监控设备 | 视频监控设备 |
|---|---|---|---|---|---|---|---|
| 资产设备数 | 11 | 22 | 33 | 44 | 55 | 66 | 77 |

视频漫游

## 参考文献

[1] 中华人民共和国建设部. 城市地下管线探测技术规程[S]. CJJ61—2003(行业标准).

[2] 郝红舟,刘保生. 医院地下管线信息化建设[C]. 中国城市规划协会地下管线专业委员会 2011 年年会,2011.

[3] 黄志洲,戴相喜,陶书竹. 城市地下管线信息化建设思路探讨[J]. 城市勘测,2012,(4):35‒38.

（朱敏生　纪　蓉　袁晓冬　马英虎　潘　虎　付文龙）

扬州市江都人民医院 BIM 全景图

# 第十六章
# BIM+IBMS（智能化集成系统）运维方案规划

## ——扬州市江都人民医院

### 项目概况

扬州市江都人民医院位于扬州市江都区纬三路以北，龙川南路以东，总规划用地 331.95 亩，其中：建设用地 252 亩；公共绿地及河道面积 79.95 亩；总建筑面积 32.13 万 ㎡。

该项目分两期完成，其中一期工程为门诊、专科门诊、医技楼、住院部（1 500 床）、传染科、员工宿舍等。总建筑面积 24.32 万 ㎡（地上建筑面积：16.75 万 ㎡，地下建筑面积：7.57 万 ㎡），建设内容包括：4 层的医技楼及门急诊楼，16 层的住院部以及 5 层的行政楼、传染科、员工宿舍。二期为行政楼、康复部（800 床）、科研教学、健康体检等部分，总建筑面积 7.81 万 ㎡（地上建筑面积：5.31 万 ㎡，地下建筑面积：2.5 万 ㎡）。

# 1 需求分析

## 1.1 功能需求

医院建筑具有结构复杂、功能多样的特点,医院建筑内的诊疗活动承载着巨量的人流和物流。目前医院建筑与设施运维管理信息化程度普遍偏低,水电、暖通、安防、消防等各专业隔离开展运维管理工作,负有建筑管理职责的总务、保卫、基建和物业等科室各自为政,建筑数据、参数、图纸等各种信息散居在各处,既不直观又毁损严重,很多维护工作都依靠老职工的经验和回忆进行,缺乏统一直观的运营维护方式,效率低下,重复作业,浪费严重。

目前医院建筑与设施所涵盖的管理系统包括:暖通空调系统、冷冻机群控系统、给排水系统、变配电系统、电梯监控系统、智能照明系统、夜景照明系统、视频监控系统、入侵报警系统、电子巡更系统、停车场管理系统、车位引导系统、门禁管理系统、背景音乐系统、信息发布系统、智能抄表系统、机房动环系统、医用气体系统等。得益于这些弱电子系统的建设,医院的管理水平比以前有着明显的提高,但同时也带来了以下问题:

◎ 管理难度加大:子系统众多,信息量庞大,这种情况下工作人员容易顾此失彼。

◎ 对物业人员素质要求过高:因为每个子系统都有自己独立的一套管理系统,且风格不一、操作复杂,而一般情况下物业管理人员的素质相对较低、流动性大,要让物业管理人员在短时间内熟练地对医院内设备进行管理几乎不可能。

◎ 信息孤岛现象严重:各子系统之间完全独立,各个专业的弱电子系统之间没有任何联系,就像各个分散的花瓣,子系统之间相对孤立、不能联动,一个系统出现问题后,其他系统毫不知情。

◎ 维护成本高昂:弱电各个系统花费了巨大的建设成本,但医院智能化管理仍处于独立分散的状态,对各个系统的维护和管理不系统、不科学,投入了大量的人力和物力,而且效果不理想。

如何实现整体建筑与设施的高效统一管理,彻底解决各项子系统之间的"信息孤岛"现象,我们建议将所有子系统全部统一集成到一个大平台上进行集中管控,智能化集成管理平台将成为整个建筑的"大脑",协调监管所有子系统的运转情况及故障报警。

扬州市江都人民医院的需求包含运维全局展示、日常运维管理展示、移动端管理、运维智能分析、系统数据采集处理等功能。扬州市江都人民医院三维可视化运维系统的系统模块应包含:大屏和 PC 端的扬州市江都人民医院三维全局视图和多维数据动态视图;基于 BIM 的可视化运维管理业务平台,包含运维管理、运维智能分析、系统管理、后台服务等功能;移动运维 App;设备运维状态采集。

## 1.2 性能需求

日常运维展示采用 B/S 架构展示,可显示建筑空间结构、设备分布及连接关系、设备运行及告警状态、设备检修及工单数据、人员位置及路径,为设施管理系统及其他业务系统提供三维模型查询服务及空间位置服务;根据运维管理要求和运维计划等信息,结合运维实时监控及运维任务电子化处置流程,提供系统检测故障、日常巡检故障、紧急报修故障以及故障恢复等运维业务的工单模板定制、工单信息生成、工单派发处置、工单接收与反馈、工单完成情况记录等运维流程的闭环管理。

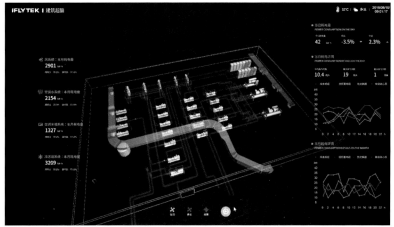

运维能耗页面展示

可以对原始 BIM 模型进行解析和压缩,满足运维需要并适合网络传输及 Web 端展示。构建应用于 BIM 运维的模型编码标准体系,便于与其他系统对接。提供设备运维状态采集方案并负责具体对接工作,由业主负责统筹协调,其他供货商配合,对扬州市江都人民医院部署的设备进行运维所需数据的采集。

## 1.3　集成需求

集成采用标准化方式,对模型、模块编码、模型属性、数据采集方式进行标准化管理。

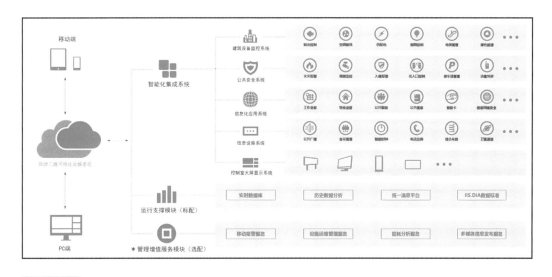

运维管理层级展示

## ② 扬州市江都人民医院三维视图

扬州市江都人民医院三维视图分为 PC 端大屏、Web 端可视化及移动端可视化三个部分,分别用于运维数据的展示与宣传、运维管理业务数据的三维可视化及运维现场所需数据的三维可视化。

在扬州市江都人民医院三维可视化运维系统中加载扬州市江都人民医院三维模型,实现对扬州市江都人民医院外景、内景的放大、缩小、信息浏览、虚拟漫游。可通过选择建筑名称或在不同建筑主体上进行点击,进入具体建筑模型。

并且具备资产价值密度,基于楼宇 3D 模型展示栋楼及楼层资产价值分布情况,以及价值构成和比例、年度新增资产价值环比图,资产价值热力图按楼层显示价值分布情况,价值越高颜色越深。

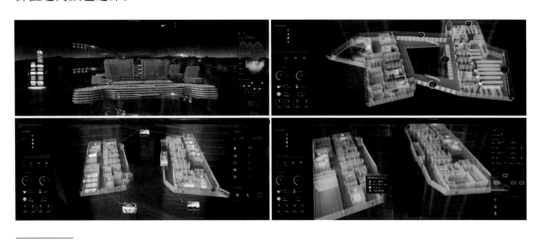

运维界面展示

## 2.1 PC 端大屏

PC 端大屏实现扬州市江都人民医院整体及局部三维场景的展示与交互,用于运维数据的宣传及展示。基于 UE4、U3D 高性能游戏引擎,采用 C/S 架构,以三维模型、二三维专题图、图表等方式,展示扬州市江都人民医院的建筑、区域、业务、人员等三维场景及各种业务统计数据。

**具体功能包括:**

① 以三维方式展示扬州市江都人民医院地形等三维地理环境。

② 展示周边绿地景观及市政基础设置及连接情况。

③ 展示室外各个功能区划分情况及室外交通线路。

④ 以层级方式展示医院整体分布、医院内功能区划分、医院内分区、医院内的交通线路。

⑤ 对接人员定位系统,按照区域划分,展示人员分布密度图及热力图。

⑥ 对接人员定位系统,展示食堂、厕所、服务窗口等重点区域人员分布密度图。

⑦ 按照医院层次结构,展示运维管理系统中工单的分布密度图及统计图表。

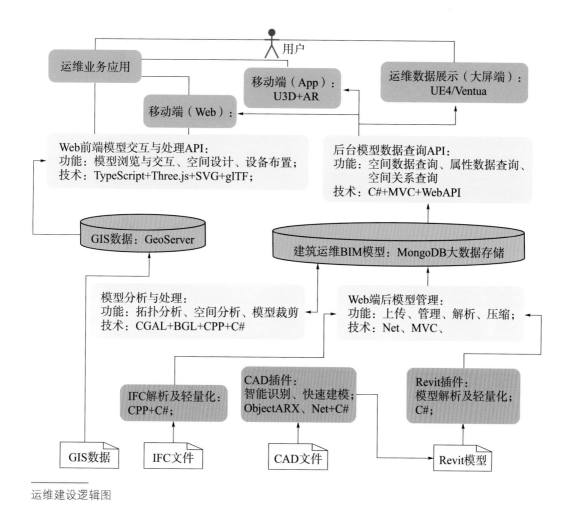

运维建设逻辑图

⑧ 按照医院、展区层次结构，按照设备种类，展示设备的分布密度图及统计图表，展示各种设施资产的价值密度图、色块图及统计图表，展示各种用供配电设备的能耗密度图、热力图及统计图表。

## 2.2　Web 端可视化

Web 端三维可视化用于运维管理及业务数据的三维展示，采用 B/S 架构，基于 Three.js Web 三维引擎，以三维模型、二三维专题图、动画特效、统计图表等方式，显示查询建筑的空间结构、设备分布及连接关系、设备运行及告警状态、设备检修及工单数据、人员位置及路径，为设施管理系统及其他业务系统提供三维模型查询服务及空间位置服务；同时提供三维交互设计工具，用于三维空间中的设备布置及设备参数设置。

**具体功能包括：**

① 按照医院、展区、楼层、展位的层次结构，显示各级区域三维分布情况、查询相关数据。

② 显示机电系统设备管路的系统划分、子系统划分及管段划分，查询系统、子系统、管段数据，查询及显示设备管路间的上下游连接关系。

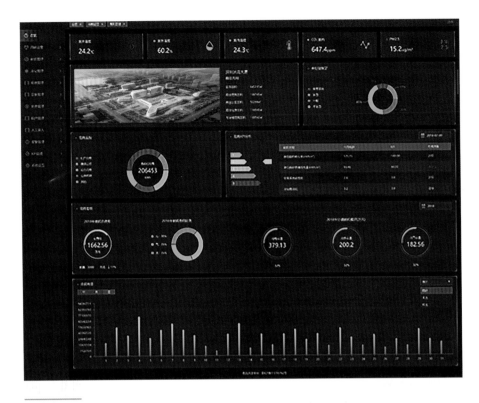

运维界面展示

③ 显示各机电系统设备及管路的三维模型或三维图标符号,显示设备管路的连接关系,查询设备管路基础数据。

④ 在三维场景下,通过用户交互方式,向三维模型中添加关键设备及设备三维符号。

# ③ 系统设备数据采集

提出设备运维状态采集方案,由业主负责统筹协调,其他供货商配合,对扬州市江都人民医院部署设备进行设备运维状态的采集。设备跨多个专业,数量近十万。各类设备的具体分类如下:

物联网应用场域内通常包括多种类型的应用和系统,且分别来源于多个厂家,传统情况下各系统独立建设和使用,各自解决不同问题,难以形成合力,造成"信息孤岛",导致系统和数据价值不能有效挖掘。基于物联网平台的全连接能力,向下可广泛接入各种硬件、传感器等设备,如安防摄像机、门禁、一卡通、广播系统等,向上能对接各种应用和系统。平台具备开放的连接能力,包括硬件连接和软件连接能力,支持主流厂家设备和协议,形成开放互联的生态。

扬州市江都人民医院三维可视化运维系统作为智慧扬州市江都人民医院建设中的重要一环,成熟稳定的接口是系统可靠性、可扩展性以及系统功能和性能实现的重要保障,对其接口应从以下两大方面考虑。

## 3.1 安防集成管理系统的集成

（1）火灾报警系统

通过报警主机提供一个统一的硬件接口（如 RS232）给运维系统或通过火灾报警系统监控软件提供一个软件接口（如 OPC）给运维系统。主要实现以下基本功能：

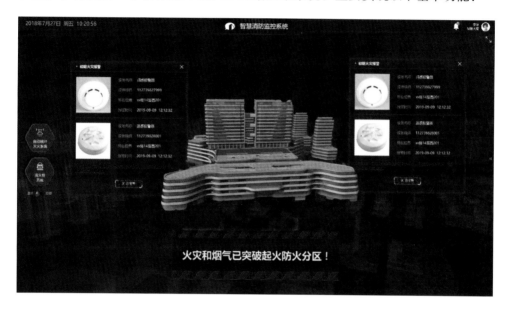

火灾报警系统界面展示

◎ 能响应每秒至少一次的查询。

◎ 能推送处于异常状态的消防终端数据（如报警、掉线等）。

◎ 提供以下消防终端数据：设备编号、设备状态。

◎ 提供以下数据查询指令：设备信息状态列表。

◎ 火灾报警系统分区报警的显示。

◎ 火灾报警系统主要设备的运行状态显示与记录。

◎ 提供各类火灾报警探测器的报警统计、归类和制表。

◎ 报警联动视频监控系统摄像机。

（2）视频监控系统

**主要实现以下基本功能：**

◎ 在运维系统上，可实时监视闭路电视监控系统主机、按规范要求安装的各种摄像机的位置与状态以及图像信号的闭路电视平面图。

◎ 通过硬件与软件手段，确保数据流及系统安全性。

◎ 当发现入侵者时，能准确报警，并以报警平面图和表格形式显示。

◎ 报警时，立即快速将报警点所在区域的摄像机自动切换到预制位置及其显示器，同时进行录像，并弹现在 BMS 管理计算机上。

视频监控系统界面展示

（3）门禁系统

系统通过 TCP/IP、RS485、ODBC 方式对出入口控制系统进行数据采集与控制，主要实现以下基本功能：

◎ 能响应每秒至少一次的查询或控制指令。

◎ 在 BMS 管理计算机上，可实时监视各个门禁的位置和系统运行、故障、报警状态，并以报警平面图和表格等方式显示所有门禁点的运行、故障、报警状态。

◎ 在 BMS 管理计算机上，经授权的用户可以向门禁系统发出控制命令，操纵权限内任一扇门门禁锁的开闭，进行保安设防/撤防管理，同时存储记录。

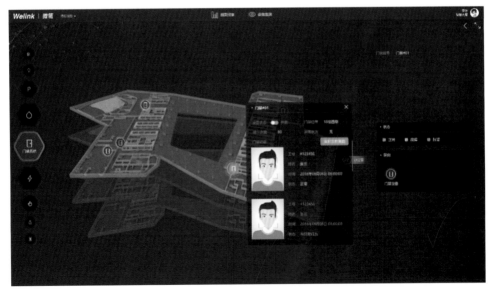

门禁系统界面展示

（4）入侵报警系统

通过 TCP/IP、RS485 方式对防盗报警系统进行数据采集与控制，主要实现以下基本功能：

◎　集成系统实时反映探测器的布防、设防、报警及各种状态，对报警信息进行及时提示。

◎　在设定的布防时间内，实行入侵监控。

（5）求助对讲系统

运维系统通过求助对讲系统提供的 SDK 二次开发包对求助对讲系统进行集成，主要实现以下功能：

◎　对求助对讲系统进行实时监测，主要检测求助对讲系统是否存在不能说、听不见、看不见或不能开锁、无信号等故障。一旦出现故障，及时报警并显示故障线路。

◎　对求助对讲系统末端设备进行报警及定位功能的实现。

◎　能够对报警信息进行查询，并形成报表。

◎　当报警发生时，同时联动该区域照明系统与视频监控系统，并启动录像。

（6）停车出入口管理系统

停车场管理系统提供实时的通信接口方式(如 OPC 或 ODBC)给运维系统，并开放以下数据：

停车场系统提供停车场内车辆进、出的刷卡信息给运维系统。

停车场系统提供的数据库字段必须包含：车辆进场时间、车辆出场时间、车牌号码、刷卡地点、收费数据等。

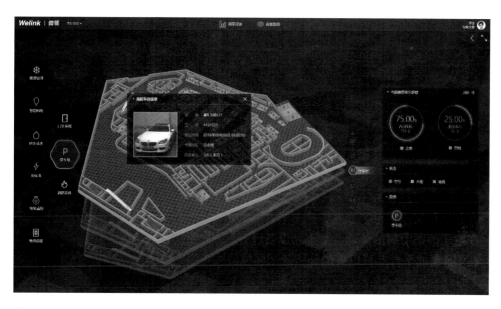

停车出入口管理系统界面展示

**主要实现以下基本功能：**

◎　能响应每秒至少一次的查询指令。

◎　提供以下数据接口：查询车位列表，包括编号(或名称)、位置、是否有车辆等；查询车位当前车辆信息；查询车位历史车辆信息；推送实时车位变化信息。

　　◎ 设备控制运行和检测数据的汇集与积累。

　　◎ 车辆运行状态监控。

　　◎ 在电子地图上显示车辆入库、出库记录。

　　◎ 当系统出现故障或意外情况时，运维系统将利用其报警功能在监视工作站上显示相应的报警信息，提示维修人并记录报警信息。

　　（7）车位引导系统

　　运维系统通过 OPC 或 TCP/IP 的通信接口方式对车位引导系统进行集成。集成后可以实现以下主要功能：

　　◎ 提供停车场内每个车位的空闲、占用状态显示功能。

　　◎ 提供车辆停车位定位接口，能够通过车牌、车主信息等查询车辆停放位置。

　　◎ 可查询车辆引导历史记录信息。

　　（8）客流统计系统

　　运维系统对医院客流人数统计系统的集成，主要是通过 TCP/IP、ODBC 协议完成对客流人数统计系统末端设备的监控，具体实现的功能如下：

客流统计系统界面展示

　　◎ 在智能化集成平台上以电子地图形式显示每个区域的人流量。

　　◎ 在电子地图上简洁体现各个末端设备（门禁）的运行状态、故障状态。

　　◎ 在 IIS 集成平台上可以智能分析各个区域的人流密集程度，并显示该区域的人流上限。

　　◎ 可在 IIS 平台上设置区域或总体人流上限，当人流达上限时，即触发系统报警，以声光、打印、邮件、短信等手段报警。

## 3.2　对建筑设备管理系统的集成

（1）建筑自控系统

建筑自控系统提供 OPC 接口给运维系统。运维系统实现对建筑自控系统各主要设备相关数字量(或模拟量)输入(或输出)点的信息(状态、报警、故障)进行监视和相应控制,主要实现以下基本功能:

◎　提供设备运行所需的相关信息和各类报表文件。

◎　空调系统/集中供冷系统主要监控设备(包括新风机组、空调机组等)的启/停、运行状态、故障报警;新风机和空调机组的送/回风温度、湿度等。

◎　给排水系统主要监视水泵的运行状态、故障显示;各类水池、水箱的水位及报警等。

（2）能源管理系统

能源系统各个计量表自成一套完整的系统,并由能源管理系统监控软件提供一个统一的软件接口(如:OPC)给运维系统,主要实现以下基本功能:

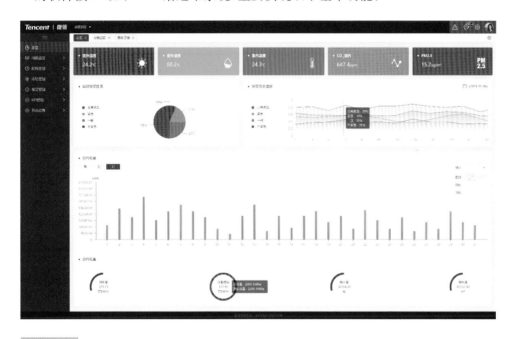

能源管理系统界面展示

◎　系统对水、电、气能耗实行自动、集中、定时远传存储。

◎　按用量的峰、平、谷时间和季节去核算每个用户的用量,实时精确地显示各个用户的实际用量。

◎　自动完成计量、存储、统计、分析、制表、入档,为计量收费。

（3）智能照明系统

智能照明系统的集成主要实现以下基本功能：

◎ 提供总线接口。

◎ 能响应每秒至少两次的查询或控制指令。

◎ 各回路至少提供以下状态信息和相应控制指令：开关状态、亮度状态（可调光回路）、色彩状态（可调色回路）。

◎ 监测照明设备的开、关、报警与故障状态。

（4）电力监控系统

电力监控系统必须在自成系统后，由电力监控系统监控软件向运维系统提供一个统一的 OPC 数据接口，与运维系统进行数据通信，提供相关信息，主要实现以下基本功能：

◎ 监测电力设备的开、关、报警与故障状态。

◎ 电表的实时电量、电流、电压等参数。

◎ 根据提取的数据生成模拟量一览表、开关量一览表、电度量一览表、事件的报警一览表。

◎ 可以把电表电量自动生成日报表、周报表、月报表等统计报表进行导出，导出方式有文本文件、Excel 文件以及其他格式的数据文件，方便用户对用电量进行统计。

（5）智能抄表系统

运维系统对智能抄表系统的集成主要通过以太网数据通信实现。通过智能抄表系统的授权，可以对智能抄表系统相关数据进行采集、展现。主要实现以下功能：

◎ 实现对该系统末端设备的运行状态、故障状态的监测功能。

◎ 自动生成日常运行故障的年、月、日报表。

◎ 自动抄表运行状态。

◎ 实现该系统与其他子系统的信息交互与联动功能。

## ❹ 设备运维多维化管理及空间管理

对扬州市江都人民医院运维设备进行多维度的统一管理：能够基于二维地图查看设备分类分布情况；能够基于三维模型查看设备的基本信息；能够以二维、三维、列表等多种视图实现设施设备的信息管理。

（1）设备

能够在三维模型中直观展示各设备的维修信息，实现维护保养任务、进度与设备模型的挂接，展现任务计划与实际进度的对比，并可以监控任务进度，确保任务按时完成。

提供设施设备的标准分类、编码策略以及设施设备基础信息及扩展信息的维护，提供设施设备状态信息，同时支持设施设备的全生命周期的运行记录查看与维护。

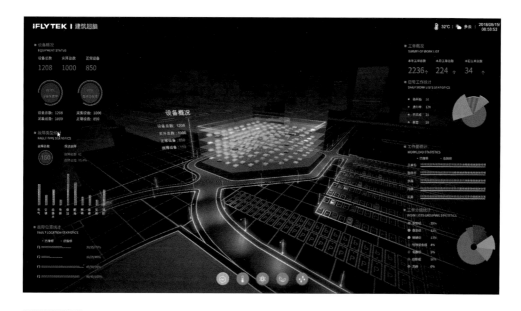

运维系统界面展示

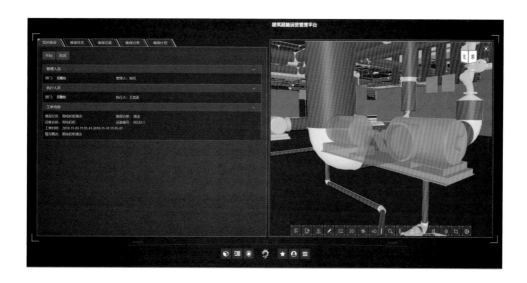

设备管理系统界面展示

能对接各种业务系统,能为 BIM 可视化以及各类业务系统之间数据打通,提供基础数据支持。能为其他系统提供运维数据、物联监控数据,也能对接其他业务系统获取其他业务数据。

支持在 BIM 上通过触屏选取设备,调阅设备的全生命周期信息。

支持设备的各种类型的数字化铭牌,如:二维码、RFID、NFC。用户可通过相应的数字化铭牌读取装置,在各种场景(App、微信、微信小程序等)中,调阅设备的全生命周期信息。并且可根据角色、设备、设备信息类别进行权限控制。

支持查看设备的实时状态。通过设备影子(设备的数字化模型),实时查看物联监控状态和人工上报状态(异常、损坏、停机以及人工抄表数据)。

对建筑空间进行划分、定义与管理,根据建筑、楼层、房间等进行空间的归类管理;可基于名称、类型、功能等进行快速搜索与定位。

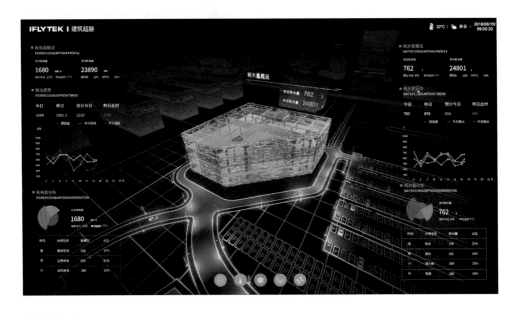

运维界面展示

(2) 空间

对于空间实行标准化数字建模,能为 BIM 可视化以及各类业务系统之间数据打通,提供基础数据支持。

提供对空间的全生命周期管理,通过空间电子铭牌(二维码、RFID、NFC……),在多种场景(BIM、各个子系统、移动端)查询空间的运维、运营数据。

数字化铭牌展示

支持空间的各种类型的数字化铭牌,如:二维码、RFID、NFC。用户可通过相应的数字化铭牌读取装置,在各种场景(App、微信、微信小程序等)调阅空间的全生命周期信息。并且可根据角色、空间、空间信息类别进行权限控制。

支持在 BIM 上通过触屏选取空间,调阅空间的全生命周期信息。

支持查看空间的实时状态。通过空间的数字化模型,实时查看物联监控状态(温度、湿度、空气质量……),人工上报状态(异常、工单以及人工抄表数据)以及对接运营系统的运营数据(能耗等)。

视频漫游

（王　刚　顾传军　黄伟涛　严　楠）

# 第十七章
# BIM相关标准应用指南

## 概 述

随着经济全球化及信息技术的突飞猛进，建筑信息模型（building information modeling，BIM）作为一项重要的技术手段逐渐融入我国建筑业并得到了快速发展。近年来，我国建筑业正处于转型升级阶段，现代化、信息化、工业化是我国建筑业未来的发展趋势，BIM技术作为推动其发展的主要推手，将成为建筑业的必然选择。

BIM这个专业术语最早是2002年产生于美国，美国国家BIM标准（National Building Information Modeling Standard，NBIMS）对BIM进行了如下定义："BIM是设施物理和功能特性的数字表达；BIM是一个共享的知识资源，是一个分享有关这个设施的信息，为该设施从概念到拆除的全生命周期中的所有决策提供可靠依据的过程；在项目不同阶段，不同利益相关方通过在BIM中插入、提取、更新和修改信息，以支持和反映各自职责的协同工作"。由此可以看出，BIM技术的应用涉及建设项目全生命周期的各阶段和众多参与方，要想通过BIM来实现建设过程中的协同设计、技术集成与信息共享等目标，就必须制定一套完整的BIM相关标准来明确界定和规范操作。因此，有必要对BIM标准进行一个梳理，有助于了解当前BIM标准的发展情况和未来在标准方面需要做哪些进一步的工作和完善。

#  国外 BIM 标准介绍

目前国际上 BIM 标准主要划分为两类：一类是适用于所有国家地区建设领域的 BIM 标准，这类标准是由国际 ISO 组织认证的国际标准，具有一定的普适性；另一类是各个国家根据本国国情、经济发展情况、建设领域发展情况、BIM 具体实施情况等制定的国家标准，具有一定的针对性。

## 1.1 国际标准

由 ISO 组织认证的国际标准主要分为三类：IFC(Industry Foundation Class，工业基础类)、IDM(Information Delivery Manual，信息交付手册)、IFD(International Framework for Dictionaries，国际字典框架)，它们是实现 BIM 价值的三大支撑技术。

(1) IFC：传统的 CAD 图纸上所表达的信息计算机无法识别。IFC 标准解决了这一问题，它类似面向对象的建筑数据模型，是一个计算机可以处理的建筑数据表示和交换标准。IFC 模型包括整个建筑全生命周期内各方面的信息，其目的是支持用于建筑的设计、施工和运行等各阶段中各种特定软件的协同工作。IFC 标准是连接各种不同软件之间的桥梁，很好地解决了项目各参与方、各阶段间的信息传递和交换问题。

(2) IDM：随着 BIM 技术的不断发展，在其应用过程中还必须保证数据传递和信息共享的完整性、协调性。因此，在 IFC 标准的基础之上又构建了一套 IDM 标准，它能够将各个项目阶段的信息需求进行明确定义并将工作流程标准化，能够减低工程项目过程中信息传递的失真，同时提高信息传递与共享的质量。

(3) IFD：由于各国家、地区间有着不同的文化、语言背景，对于同一事物也有着不同的称呼，所以这就使得软件间的信息交换会有一定阻碍。IFD 采用了概念和名称或描述分开的做法，引入类似身份证号码的 GUID(Global Unique Identifier，全球唯一标识)来给每一个概念定义一个全球唯一的标识码，不同国家、地区、语言的名称和描述与这个 GUID 进行对应，保证所有用户得到的信息的准确性、有用性、一致性。

IFD 对应分类和编码标准，IDM 对应交付标准，IFC 对应计算机存储标准。

近年来随着 BIM 技术的不断发展，ISO 陆续发布了一些 BIM 相关标准。其中 2018 年发布的 ISO 19650 的标准，适用于建筑物的整个生命周期，包括规划、初步设计、设计、开发、文件编制和施工、日常运营、维护、翻新、维修，直到使用寿命终止。

目前,ISO 已经发布的 BIM 相关标准文件见下表。

ISO 已发布的 BIM 相关标准

| 标准 | 名　称 | 时间 |
|---|---|---|
| ISO 22263:2008 | 建设工程信息组织—项目信息管理框架 | 2008 |
| ISO 10303—239:2012 | 工业自动化系统和集成—产品数据表示和交换—第 239 部分:应用协议:产品生命周期保证 | 2012 |
| ISO 16739:2013 （已撤销,有更新） | 工程建设和设施管理业中数据共享工业基础类别 | 2013 |
| ISO 16354:2013 | 知识文库和对象文库导则 | 2013 |
| ISO 15686—4:2014 | 建筑施工—使用寿命设计—第 4 部分:用于使用寿命设计的建筑信息模型 | 2014 |
| ISO 12006—2:2015 | 建筑工程—建设工程信息结构—第 2 部分:信息分类框架 | 2015 |
| ISO 16757—1:2015 | 建筑电子设备产品目录的数据结构—第 1 部分:概念、结构和模型 | 2015 |
| ISO 12006—3:2016 | 建筑工程—建设工程信息结构—第 3 部分:面向对象的信息框架 | 2016 |
| ISO 29481—1:2016 | 建筑物信息模型—信息传送手册—第 1 部分:方法和格式 | 2016 |
| ISO 29481—2:2016 | 建筑物信息模型—信息交付手册—第 2 部分:交互框架/互操作框架 | 2016 |
| ISO 16739—1:2018 | 用于建筑和设施管理行业数据共享的工业基础类（IFC）—第 1 部分:数据模式 | 2018 |
| ISO 19650—1:2018 | 建筑和土木工程信息的组织和数字化,包括建筑信息模型（BIM）—使用建筑信息模型的信息管理—第 1 部分:概念和原则 | 2018 |
| ISO 19650—2:2018 | 建筑和土木工程信息的组织和数字化,包括建筑信息模型（BIM）—使用建筑信息模型的信息管理—第 2 部分:资产交付阶段 | 2018 |

## 1.2　各国标准

（1）美国

BIM 技术最早源自美国,美国在 BIM 相关标准的制定方面具有一定的先进性和成熟性。早在 2004 年美国国家标准与技术研究院（NIST）就开始以 IFC 标准为基础编制国家 BIM 标准,2007 年发布了美国国家 BIM 标准第一版的第 1 部分——NBIMS Version 1 Part1。这是美国第一个完整的具有指导性和规范性的 BIM 标准。2012 年 5 月,美国国家 BIM 标准第二版 NBIMS Version 2 正式公布,对第一版中的 BIM 参考标准、信息交换标准与指南和应用进行了大量补充和修订。此后于 2015 年 7 月又发布了 NBIMS 标准第三版,在第二版基础上增加了模块内容并引入了二维 CAD 美国国家标准,并在内容上进行了扩展,包括信息交换、参考标准、标准实践部分的案例和词汇表/术语表。第三版有一个创新之处,即美国国家 BIM 标准项目委员会增加了一个介绍性的陈述和导视部分,提高了标准的可达性和可读性。

美国国家建筑科学研究院 2017 年发布了美国国家 BIM 指南——业主篇（National BIM Guide for Owners）。从业主角度定义了创建和实现 BIM 要求的方法,解决业主应用 BIM 技术的流程、基础、标准以及执行问题。

美国陆军工程兵团（USACE）2013 年发布了适用于 USACE 项目的 BIM 标准。美国退伍军人事务部（VA）致力于利用建筑信息模型（BIM）工具、3D 模型、2D 图纸、数据和其他用途,于 2017 年已将 BIM 手册更新到 V2.2 版本。

美国总务署（GSA）早在 2003 年就推出了全国 3D—4D—BIM 计划,其致力于探讨在项目生命周期中应用 BIM 技术,陆续发布了各领域的系列 BIM 指南,主要包括:空间规划验证、4D 模拟、激光扫描、能耗和可持续发展模拟、安全验证、建筑构件和设备管理等指南。GSA 要求在各大基于模型设计的项目,均需要在项目交付里提交建模文件及其衍生出来的 2D 文件。GSA 还编撰了 BIM 指导术语,基于 AutodeskRevit 的 BIM 指南,基于 Archicad 和 Bentley 的指南仍在编写中。

（2）英国

英国政府在较早时候就对 BIM 技术的使用进行强制推行,这也使得英国 BIM 标准发展较为迅速。英国国家标准机构 BSI 于 2007 年发布了公开标准 BS 1192:建筑、工程和建筑信息的协同生产,2013 年发布了公开标准 PAS 1192—2:BIM 项目资金/交付阶段的信息管理规范,目前这两个标准已被 BS EN ISO 19650 标准替代。现行的仍有 2014 年至 2018 年间发布的 PAS1192—3 至 PAS1192—6,即关于运维阶段、满足业主需求、有关安全建筑、数字建筑环境、智能管理和协同共享的 BIM 应用规范。另外,在 BS 8536—1 和 BS 8536—2 设计和施工简明标准里也有关于 BIM 应用的相关规范。

英国 AEC 建筑业委员会也一直努力建设行业标准,它于 2009 年重组,加入了具有丰富 BIM 软件和实施经验的公司和咨询公司的新成员,致力于实现在项目环境中建立统一、可用、协调的信息建模方法。2009 年第一次发布了 AEC（UK）BIM 协议,此后又陆续发布了基于 Revit、Bentley、Archi ACD 及 Vectorworks 平台的 BIM 协议及其更新版本。

（3）德国

德国建筑协会积极参与了国际标准 ISO 19650 的编写。此外,德国工程师协会也出版了本土化的 VDI 2552 建筑信息模型系列指导方针,仔细探究了本国在 BIM 建模标准化上的需求。

（4）日本

2012 年 7 月由日本建筑师学会（Japanese Institute of Architects，JIA）正式发布了 *JIA BIM Guideline*，涵盖了技术标准、业务标准、管理标准三个模块。该标准对企业的组织机构、人员配置、BIM 技术应用、模型规则、交付标准、质量控制等做了详细指导。2018 年，日本发布了《日本 2018 公共工程 BIM 建模及应用标准》。

（5）韩国

韩国对 BIM 技术标准的制订工作十分重视，有多家政府机关致力于 BIM 应用标准的制订，如韩国国土海洋部、韩国公共采购服务中心、韩国教育科学技术部等。韩国对于 BIM 标准的制订以建筑领域和土木领域为主。韩国 2010 年发布 *Architectural BIM Guideline of Korea*，用来指导业主、施工方、设计师对于 BIM 技术的具体实施。该标准主要分为 4 个部分：业务指南、技术指南、管理指南和应用指南。

（6）新加坡

新加坡建设局（BCA）于 2012 年、2013 年分别发布了《新加坡 BIM 指南》1.0 版和 2.0 版。《新加坡 BIM 指南》是一本参考性指南，概括了各项目成员在采用建筑信息模型（BIM）的项目中不同阶段承担的角色和职责，是制定《BIM 执行计划》的参考指南，包含了 BIM 说明书和 BIM 模型及协作流程。

（7）芬兰

芬兰的参议院于 2007 年发布了 *BIM Requirements*。其内容包括总则、建模环境、建筑、水电暖、构造、质量保证和模型合并、造价、可视化、水电暖分析及使用等，以项目各阶段于主体之间的业务流程为蓝本构成，包括了建筑的全生命周期中产生的全部内容，并进行多专业衔接、衍生出有效的分工。在此基础上，参议院联合其他几家房地产开发商和建设单位、软件开发公司，于 2012 年发布了 BIM 需求标准的更新和补充部分。

（8）加拿大

加拿大也成立了 Building SMART International（BSI）分会，旨在通过参与国际 BIM 标准的制定，作为加拿大市场的声音，为加拿大 BIM 标准的制定提供合适的机构和场所，并促进加拿大国内对 Building SMART International 的认识。加拿大 BIM 研究委员会（IBC）坚信，建筑行业的转变应该更多地考虑到基于 BIM 工具的项目交付协作办法、参考目前全球范围内其他类似的在技术和过程上的举措。基于此，BSI/IBC 制定了一个路线图来促进、指导和维持这种转变。

（9）澳大利亚

澳大利亚于 2017 年发布了 ASISO 16739，是国际标准 ISO 16739 用于建筑和设施管理行业数据共享的工业基础类（IFC）的本土化应用。

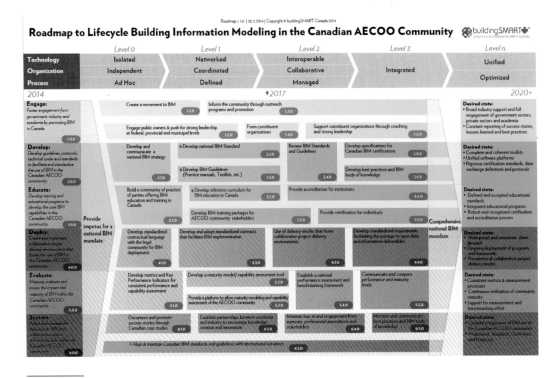

加拿大建设行业 BIM 全生命周期路线图

## 1.3　美英 BIM 标准的特点

作为 BIM 的发源地,美国的 BIM 研究与应用一直处于国际领先地位,美国国家 BIM 标准对奠定 BIM 理论体系有着重要的作用,因为其理论性与系统性,以及对美国各主流标准的引用和融合,使得美国国家 BIM 标准成为被其他国家和地区引用或参照最多的 BIM 标准。

美国的 BIM 技术发展更多是市场自发的行为,或者更偏向于 BIM 软件厂商驱动(注:美国 BIM 软件在全球 BIM 软件中占绝对多数份额)。到目前为止,除了少数联邦机构发布了 BIM 应用政策外,美国联邦政府还没有出台过任何与 BIM 推广应用有关的技术政策,截至目前也没有看到通过联邦政府顶层设计推行 BIM 应用的计划。

美国自下而上推动 BIM 技术的特点造成了美国有众多 BIM 标准:从企业到行业,从地方到国家,可以查阅到的 BIM 标准有百余种。首先是各大公司、行业协会制定了自己的 BIM 标准,然后国家的一些部门开始编写国家级别的 BIM 标准,并参考吸纳各行各业的公司和机构 BIM 标准。

英国是目前全球 BIM 应用推广力度最大和增长最快的地区之一,作为最早把 BIM 应用于各项政府投资的国家之一,英国不仅建立了比较完善的 BIM 标准体系,并且出台了 BIM 强制政策。英国积极投入资源把英国标准升级为 ISO 标准,在全球市场销售英国 BIM 成果和相关智力服务。2018 年,英国国家标准机构 BSI 已将两项英国 BIM 标准升格为 ISO 标准(BS EN ISO 19650—1 和 BS EN ISO 19650—2)。

英国的 BIM 标准和政策制定上遵循顶层设计与推动的模式:通过中央政府顶层推行 BIM 研究和应用,采取"建立组织机构→研究和制定政策标准→推广应用→开展下一阶段政策标准研究"这样一种滚动式、渐进、持续发展模式。

英国的 BIM 应用行业背景和中国有非常类似之处,英国 BIM 应用的成功经验和未来发展规划对我国极具参考价值,是我国工程建设行业推进 BIM 应用的重点参考对象。

由于美国 BIM 标准存在版权风险,我国 BIM 国家标准在制定过程中更多参照了 ISO 标准及英国 BIM 标准。

# 2　我国 BIM 标准简介

## 2.1　国家和行业主要 BIM 技术政策

(1) 住房城乡建设部《2011—2015 年建筑业信息化发展纲要》;

(2) 住房城乡建设部《2016—2020 年建筑业信息化发展纲要》;

(3) 住房城乡建设部《城市轨道交通工程 BIM 应用指南》;

(4) 国务院办公厅《关于促进建筑业持续健康发展的意见》;

(5) 住房城乡建设部《建筑业发展"十三五"规划的通知》;

(6) 住房城乡建设部《"多规合一"业务协同平台技术标准》公开征求意见;

(7) 住房城乡建设部《推进建筑信息模型应用指导意见》;

(8) 国务院办公厅《大力发展装配式建筑的指导意见》;

(9) 交通运输部办公厅《关于印发推进智慧交通发展行动计划(2017—2020 年)的通知》。

其中《2011—2015 年建筑业信息化发展纲要》要求"加快 BIM、基于网络的协同工作等新技术在工程中的应用";《关于推进 BIM 技术在建筑领域内应用的指导意见》要求"到 2020 年末,建筑行业甲级勘察、设计单位以及特级、一级房屋建筑工程施工企业应掌握并实现 BIM 与企业管理系统和其他信息技术的一体化集成应用。到 2020 年末,以下新立项项目勘察设计、施工、运营维护中,集成应用 BIM 的项目比例达到 90%:以国有资金投资为主的大中型建筑;申报绿色建筑的公共建筑和绿色生态示范小区。"《2016—2020 年建筑业信息化发展纲要》则规定:"着力增强 BIM、大数据、智能化、移动通信、云计算、物联网等信息技术集成应用能力,建筑业数字化、网络化、智能化取得突破性进展。"

## 2.2　部分直辖市 BIM 政策文件

(1) 北京

① 北京市住房和城乡建设委员会关于对《北京市推进建筑信息模型应用工作的指导意见(征求意见稿)》公开征求意见的通知;

② 北京市住房和城乡建设委员会关于加强建筑信息模型应用示范工程管理的通知；

③ 北京市住房和城乡建设委员会北京市规划和国土资源管理委员会北京市质量技术监督局关于加强装配式混凝土建筑工程设计施工质量全过程管控的通知。

（2）天津

① 天津市民用建筑信息模型（BIM）设计技术导则；

② 市建委关于征求工程建设地方标准《城市轨道交通管线综合 BIM 设计标准（征求意见稿）》意见的函。

（3）重庆

① 关于加快推进建筑信息模型（BIM）技术应用的意见；

② 关于下达重庆市建筑信息模型（BIM）应用技术体系建设任务的通知；

③ 关于发布《重庆市工程勘察信息模型实施指南》等三项技术的通知文件；

④ 关于发布《重庆市建设工程信息模型技术深度规定》的通知文件；

⑤ 关于发布《重庆市建设工程信息模型设计审查要点》的通知文件；

⑥ 关于发布《重庆市建筑工程信息模型交付技术导则》的通知文件；

⑦ 关于进一步加快应用建筑信息模型（BIM）技术的通知；

⑧ 关于做好装配式建筑项目实施有关工作的通知；

⑨ 关于公布《2019 年度重庆市 BIM 技术应用示范项目实施计划》的通知。

## 2.3 前一阶段 BIM 标准不完备的影响

在建筑的全生命周期中对 BIM 要求的侧重点不同：

（1）设计单位关注：前期方案推敲（建筑性能模拟分析）、施工图模型、碰撞检查、管线综合、三维展示等。

（2）施工单位关注：管线综合优化（支吊架）、净空分析、工程量清单、预制装配式构件、施工模拟、施工场地布置等。

（3）业主关注：造价控制、竣工模型（含大量非几何信息）、协同平台、轻量化模型、空间管理、设施管理、资产管理、应急管理、能源管理等。

实际上各参与方对交付的 BIM 成果有不同的要求，存在 BIM 无法顺利有效传递的现状。

前一阶段 BIM 发展方兴未艾，但 BIM 标准发布滞后且不配套，BIM 项目实施无法可依，无章可循，造成了 BIM 交付成果五花八门、杂乱无章的状态。而随着国家及地方一系列 BIM 规范标准的推出，上述那种无序的局面正在有所改观。

## 2.4 国家 BIM 标准框架

我国在 BIM 技术方面的研究始于 2000 年左右，在此前后对 IFC 标准开始有了一定研究。"十一五"期间出台了《建筑业信息化关键技术研究与应用》，将重大科技项目中 BIM 的应用作为研究重点。2007 年中国建筑标准设计研究院参与编制了《建筑对象数字化定义》（JG/T 198—2007）。2009—2010 年，清华大学、Autodesk 公司、国家住宅工程中心等联合开展了"中国 BIM 标准框架研究"工作，同时也参与了欧盟的合作项目。2010 年参考 NBIMS 提出了中国建筑信息模型标准框架（China Building Information Model Standards，CBIMS），该模型分为三大部分，具体结构框架如下图所示：

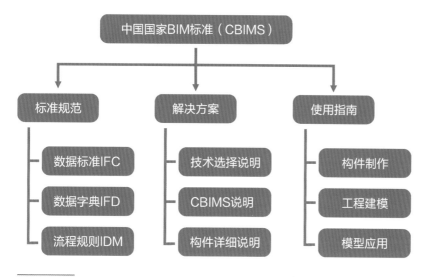

中国国家 BIM 标准结构体系

与美国国家 BIM 标准的三类标准两类人员的体系划分相似，CBIMS 将 BIM 标准分为两个行业的两类标准：一类是面向软件开发的技术标准，另一类是面向建设行业使用的实施标准。CBIMS 技术标准包括数据存储标准、信息语义标准、信息传递标准，分别对应上文提到的 BIM 技术标准的 IFC、IFD、IDM。

CBIMS 实施标准包括资源标准、行为标准、交付标准，企业级和项目级 BIM 标准可以在此基础上根据需要自行定制深化，指导 BIM 在工程建设中的实施应用。CBIMS 实施标准给出了建设行业实施 BIM 的内容要素。资源要素包括环境资源（实施 BIM 所需的各类软硬件工具、网络环境和人员配置）、构件库资源以及 BIM 文件格式要求和模型参数设置；行为要素包括建模和模型分析检查；交付要素包括交付深度、交付内容与格式以及归档文件。在 BIM 项目实施过程中需要对各内容要素进行协同管理，对于设计阶段，资源的协同管理包括权限设置、工程目录设置等，行为的协同管理包括 BIM 设计目标和内容、BIM 实施策划、BIM 工作内容分解和过程记录等，交付的协同管理包括交付内容的审核等。实施 BIM 后，协同管理将是一个常态化工作。

## 2.5　我国 BIM 标准现状

我国国家 BIM 标准于 2012 年开始编制，住建部在"2012 年工程建设标准规范制订修订计划"中推出了 4 本 BIM 标准的编制计划，分别是《建筑工程信息模型应用统一标准》《建筑工程信息模型存储标准》《建筑工程设计信息模型分类和编码标准》《建筑工程设计信息模型交付标准》；"2013 年工程建设标准规范制订修订计划"增加了一本《建筑信息模型施工应用标准》。

基于 CBIMS 标准体系对我国的 5 个国家 BIM 标准进行梳理可以看出，《建筑工程信息模型应用统一标准》是一个 BIM 标准的指导性文件,也可以理解为一个 BIM 标准框架,《交付标准》和《施工应用标准》属于实施标准,《分类和编码标准》《存储标准》属于技术标准。

GB/T 51212—2016《建筑工程信息模型应用统一标准》于 2016 年发布为国家标准,2017 年 7 月 1 日实施。本标准的编制旨在为我国 BIM 标准的编制建立原则性框架,制定建筑信息模型的相关标准,及应当遵守该标准的规定。因此该标准可以理解为"标准的标准",在模型体系、数据互用、模型应用等方面进行了规定。

GB/T51235—2017《建筑信息模型施工应用标准》和 GB/T 51301—2018《建筑信息模型设计交付标准》主要面向工程建设行业。

GB/T51235—2017 于 2017 年发布为国家标准,2018 年 1 月 1 日实施。本标准面向施工阶段 BIM 应用,对施工阶段的深化设计、施工模拟、预制加工、进度管理、预算与成本管理、质量与安全管理、施工监理、竣工验收等 BIM 应用提出了模型的创建、应用和管理要求,可操作性强,对施工企业开展 BIM 应用具有实际指导作用。

GB/T 51301—2018 于 2019 年发布为国家标准,2019 年 6 月 1 日起实施。本标准主要面向设计阶段的交付标准,标准在 BIM 交付准备、交付过程、交付成果等方面进行规定,从几何精度和信息深度两方面定义模型精细度,对工程建筑各参与方提出协同和应用的基本要求。

GB/T 51269—2017《建筑工程信息模型分类和编码标准》和《建筑工程信息模型存储标准》(征求意见稿)主要解决 BIM 数据交换和协同工作的问题。

GB/T 51269—2017 于 2017 年发布为国家标准,2018 年 5 月 1 日起实施。本标准对应于 BIM 技术标准的 IFD 标准,依据 ISO12006—2 对建筑工程信息中所涉及的对象分类编码进行了全面系统的梳理,是 BIM 应用的基础之一,保证建筑工程信息在相关各方之间准确有效地传递。

《建筑工程信息模型存储标准》对应于 BIM 技术标准的 IFC 标准,本标准用于规定 BIM 信息的组织方式和存储格式,保证 BIM 模型在不同软件之间的顺利转换。

随着国家 BIM 标准的启动,地方 BIM 标准也纷纷开始研究和制定,北京、上海、深圳、四川、广西、江苏等省市政府相继发布了 BIM 标准的编制计划。

北京最先于 2013 年推出了 DB11T 1069—2014《民用建筑信息模型(BIM)设计基础标准》,主要从建模的角度对 BIM 模型的深度和交付进行了原则性规定。

上海市的 BIM 推广起步较早,应用也比较深入,先后发布了多本 BIM 标准和应用指南。为了配合上海市的 BIM 推广工作,2015 年上海市住建委组织编制了《上海市建筑信息模型应用技术指南》,介绍了涵盖项目全寿命周期中的 23 个 BIM 应用点,每个应用点从应用意义、数据准备、操作流程、应用成果几个方面进行了详细介绍,力求使 BIM 应用落到实处,帮助企业快速掌握 BIM 技术。此后上海市相继推出了多个 BIM 标准,包括 DG/TJ 08—2201—2016《建筑信息模型应用标准》以及基于市政道路、市政给排水、轨道交通、地下空间等行业地方 BIM 标准。

在国家和地方出台标准政策的同时,一些大型企业和大型项目也在纷纷制订 BIM 标准,开发企业比如万达集团、绿地集团,设计企业如中国建筑院、现代集团,施工企业如中建集团、建工集团,大型项目如上海中心、中国尊、迪斯尼乐园等。与国家和地方 BIM 标准相比,企业级和项目级的 BIM 标准更加关心 BIM 的落地应用,更加关注在组织架构、职责分工、软硬件配置、工作流程、交付成果等方面的应用要求。

除了房建项目，其他一些类型的工程建设项目也在积极推广 BIM 应用，如市政工程、轨道交通、铁路工程等，与房建项目相比，这些领域的工程建设具有体量大、投资高、专业多的特点，建设管理更加复杂，对 BIM 技术提出了更高要求，BIM 标准的制定显得尤为重要。

在我国，轨道交通类的 BIM 技术发展很快，上海市申通集团的 BIM 企业标准在很多地铁项目上被引用参考，该标准目前已发布 7 个分册，覆盖了 BIM 标准的各个方面，包括有：

DG/TJ 08—2202—2016《城市轨道交通建筑信息模型应用技术标准》；

DG/TJ 08—2203—2016《城市轨道交通建筑信息模型交付标准》；

《城市轨道交通工程建筑信息模型建模指导意见》；

《城市轨道交通建筑信息模型族创建标准》；

《城市轨道交通地下管线信息模型数据规则》；

《城市轨道交通岩土工程勘察信息模型数据规则》；

《城市轨道交通设施设备分类与编码标准》。

除此之外，上海市已经发布了市政工程行业及人防 BIM 标准：

DG/TJ 08—2204—2016《市政道路桥梁信息模型应用标准》；

DG/TJ 08—2205—2016《市政给排水信息模型应用标准》；

DG/TJ 08—2206—2016《人防工程设计信息模型交付标准》。

根据《中华人民共和国标准化法》，我国标准分为四级：国家标准、行业标准、地方标准、企业标准。从我国 BIM 标准发展现状来看各级标准在同步发展，有些地方标准已经先于国家标准发布；另外，尽管我国 BIM 标准推行力度很大，但作为一项创新技术，BIM 标准目前全部为推荐性标准，不属于强制性标准。

## 2.6 BIM 国家标准与地方标准体系基本形成

### 2.6.1 国家标准

**统一标准**：《建筑信息模型应用统一标准》GB/T 51212—2016
2017 年 7 月 1 日起实施；

**基础标准**：《建筑工程信息模型存储标准》（征求意见稿）；
《建筑工程信息模型分类和编码标准》GB/T 51269—2017
2018 年 5 月 1 日起实施；

**执行标准**：《建筑信息模型设计交付标准》GB/T 51301—2018
2019 年 6 月 1 日起实施；
《制造工业工程设计信息模型应用标准》（制订中）；

**应用标准**：《建筑信息模型施工应用标准》GB/T 51235—2017
2018 年 1 月 1 日起实施。

### 2.6.2 行业标准

《建筑工程设计信息模型制图标准》JGJ/T 448—2018
2019 年 6 月 1 日起实施。

### 2.6.3 地方标准

(1) 北京市地方标准《民用建筑信息模型设计标准》DB11/T1069—2014;

(2)《天津市民用建筑信息模型(BIM)设计技术导则》;

(3)《上海市建筑信息模型技术应用指南(2015 版)》;

(4)《上海市建筑信息模型技术应用指南(2017 版)》;

(5) 上海市《建筑信息模型应用标准》DG/TJ 08—2201—2016;

(6) 上海市《城市轨道交通信息模型技术标准》DG/TJ 08—2202—2016;

(7) 上海市《城市轨道交通信息模型交付标准》DG/TJ 08—2203—2016;

(8) 上海市《市政道路桥梁信息模型应用标准》DG/TJ 08—2204—2016;

(9) 上海市《市政给排水信息模型应用标准》DG/TJ 08—2205—2016;

(10) 上海市《人防工程设计信息模型交付标准》DG/TJ 08—2206—2016;

(11)《上海市建筑信息模型设计交付表达通用导则》;

(12)《上海市预制装配式混凝土建筑设计、生产、施工 BIM 技术应用指南》;

(13)《重庆市建设工程信息模型技术深度规定》;

(14)《重庆市建筑工程信息模型交付技术导则》;

(15)《重庆市建设工程信息模型设计审查要点》;

(16)《重庆市工程勘察信息模型实施指南》;

(17)《重庆市建筑工程信息模型实施指南》;

(18)《重庆市市政工程信息模型实施指南》;

(19)《深圳市建筑工务署政府公共工程 BIM 应用实施纲要 BIM 实施管理标准》;

(20)《深圳市工程设计行业 BIM 应用发展指引》;

(21) 深圳市《工程项目 BIM 普及应用指引(设计阶段 BIM 实施分册)》;

(22) 深圳市《工程项目 BIM 普及应用指引(施工 BIM 实施分册)》;

(23) 河北省《建筑信息模型应用统一标准》DB13(J)/T213—2016;

(24)《广东省建筑信息模型应用统一标准》DBJ/T 15—142—2018;

(25)《福建省建筑信息模型(BIM) 技术应用指南》;

(26)《江苏省民用建筑信息模型设计应用标准》DGJ32/TJ 210—2016;

(27)《江苏省人民防空建筑信息模型(BIM) 技术指南》;

(28) 江苏省《工程勘察设计数字化交付标准》;

(29)《浙江省建筑信息模型(BIM)技术应用导则》;

(30) 浙江省《建筑信息模型(BIM)应用统一标准》DB33/T1154—2018;

(31) 安徽省《综合管廊信息模型应用技术规程》DB34/T 5074—2017;

(32) 安徽省《民用建筑设计信息模型(D—BIM)交付标准》DB34/T 5064—2016;

(33)《安徽省建筑信息模型(BIM)技术应用指南》2017 版;

(34)《安徽省勘察设计企业 BIM 建设指南》;

(35)《湖南省建筑工程信息模型设计应用指南》;

(36)《湖南省建筑工程信息模型施工应用指南》;

(37)《湖南省建筑工程信息模型交付标准》DBJ43/T 330—2017;

(38)《陕西省建筑信息模型应用标准》DBJ 61/T 138—2017;

（39）广西壮族自治区《建筑工程建筑信息模型施工应用标准》DBJ/T 45—038—2017；

（40）广西壮族自治区《建筑工程建筑信息模型设计施工应用标准通用技术指南》DBJ/T 45—070—2018；

（41）山东省《建筑信息模型(BIM)技术的消防应用》DB37/T 2936—2017；

（42）《山东省城市轨道交通 BIM 技术应用导则》；

（43）《山东省市政工程 BIM 技术应用导则》；

（44）《四川省建筑工程设计信息模型交付标准》DBJ51/T 047—2015；

（45）河南省《民用建筑信息模型应用标准》DBJ41/T 201—2018；

（46）河南省《市政工程信息模型应用标准(道路与桥梁)》DBJ41/T 202—2018；

（47）河南省《市政工程信息模型应用标准(综合管廊)》DBJ41/T 203—2018；

（48）甘肃省《建筑信息模型(BIM)应用标准》DB62/T 3150—2018；

（49）《云南省民用建筑施工信息模型建模标准》DBJ53/T—97—2019；

（50）《黑龙江省建筑信息模型设计应用导则(试行)》；

（51）山西省《建筑信息模型应用统一标准》DBJ04/T 380—2019。

# 3  我国部分地方 BIM 政策和标准体系

## 3.1  上海 BIM 技术政策与标准体系

上海市住房城乡建设管委会、上海市建筑信息模型技术应用推广联席会议办公室、各区主管机构根据《上海 BIM 指导意见》的要求，相继制定、完善、发布了一系列相关配套政策文件，指导上海市 BIM 技术推广应用。

**上海市 BIM 技术政策文件**

| 序号 | 发布时间 | 发布主体 | 政策文件 |
|---|---|---|---|
| 1 | 2014 年 10 月 | 上海市人民政府办公厅 | 《关于在本市推进建筑信息模型技术应用指导意见的通知》(沪府办发〔2014〕58 号) |
| 2 | 2015 年 5 月 | 市住房城乡建设管理委员会 | 关于发布《上海市建筑信息模型技术应用指南(2015 版)》的通知(沪建管〔2015〕336 号) |
| 3 | 2015 年 7 月 | 联席会议办公室 | 关于印发《上海市推进建筑信息模型技术应用三年行动计划(2015—2017)的通知(沪建应联办〔2015〕1 号) |
| 4 | 2015 年 7 月 | 联席会议办公室 | 《关于本市开展建筑信息模型技术试点工作的通知》(沪建应联办〔2015〕2 号) |
| 5 | 2015 年 8 月 | 联席会议办公室 | 《关于报送本市建筑信息模型技术应用工作信息的通知》(沪建应联办〔2015〕3 号) |
| 6 | 2015 年 9 月 | 联席会议办公室 | 关于发布《上海市建筑信息模型技术应用咨询服务招标示范文本(2015 版)》《上海市建筑信息模型技术应用咨询服务合同示范文本(2015 版)》的通知(沪建应联办〔2015〕4 号) |

| 序号 | 发布时间 | 发布主体 | 政策文件 |
|---|---|---|---|
| 7 | 2015 年 10 月 | 联席会议办公室 | 《关于开展本市建筑信息模型技术应用项目情况普查工作的通知》(沪建应联办〔2015〕5 号) |
| 8 | 2015 年 11 月 | 联席会议办公室 | 关于印发《本市建筑信息模型技术应用试点项目申请指南》和《本市建筑信息模型技术应用试点项目评审要点(2015 版)的通知》(沪建应联办〔2015〕6 号) |
| 9 | 2016 年 4 月 | 市住房城乡建设管理委 | 《关于印发本市保障性住房项目实施建筑信息模型技术应用的通知》(沪建管〔2016〕250 号) |
| 10 | 2016 年 5 月 | 联席会议办公室 | 《关于报送本市建筑信息模型技术应用项目情况表的通知》(沪建应联办〔2016〕5 号) |
| 11 | 2016 年 7 月 | 联席会议办公室 | 《关于做好本市建筑信息模型技术应用试点项目和示范工作的通知》(沪建应联办〔2016〕7 号) |
| 12 | 2016 年 9 月 | 市住房城乡建设管理委 | 《上海市建筑信息模型技术应用推广"十三五"发展规划纲要》(沪建建管〔2016〕832 号) |
| 13 | 2016 年 12 月 | 市住房城乡建设管理委员会 | 《本市保障性住房项目应用建筑信息模型技术实施要点》(沪建建管〔2016〕1124 号) |
| 14 | 2016 年 12 月 | 联席会议办公室 | 《关于本市开展建筑信息模型技术应用企业转型示范的通知》(沪建应联办〔2016〕9 号) |
| 15 | 2017 年 1 月 | 联席会议办公室 | 关于发布《上海市建设工程设计招标文本编制涉及建筑信息模型技术应用服务的补充示范条款(2017 版)》等 6 项涉及建筑信息模型技术应用服务的补充示范条款的通知(沪建应联办〔2017〕1 号) |
| 16 | 2017 年 4 月 | 市住房城乡建设管理委市规划和国土资源管理局 | 《关于进一步加强上海市建筑信息模型技术推广应用的通知》(沪建建管联〔2017〕326 号) |
| 17 | 2017 年 5 月 | 联席会议办公室 | 关于发布《上海市建筑信息模型技术应用试点项目验收实施细则》的通知(沪建应联办〔2017〕3 号) |
| 18 | 2017 年 6 月 | 市住房城乡建设管理委 | 关于发布《上海市建筑信息模型技术应用指南(2017 版)》的通知(沪建建管〔2017〕537 号) |
| 19 | 2017 年 9 月 | 上海市人民政府办公厅 | 印发《关于促进本市建筑业持续健康发展的实施意见》的通知(沪府办〔2017〕57 号) |
| 20 | 2017 年 9 月 | 联席会议办公室 | 关于印发《本市建筑信息模型技术应用示范项目的评选细则》的通知(沪建应联办〔2017〕9 号) |
| 21 | 2017 年 9 月 | 联席会议办公室 | 《关于定期填报建筑信息模型技术应用情况的通知》(沪建应联办〔2017〕10 号) |
| 22 | 2017 年 11 月 | 上海市人民政府办公厅 | 延长《关于在本市推进建筑信息模型技术应用的指导意见》的通知(沪府办发〔2017〕73 号) |
| 23 | 2018 年 5 月 | 市住房城乡建设管理委 | 关于发布《上海市保障性住房项目 BIM 技术应用验收评审标准》的通知(沪建建管〔2018〕299 号) |

上海市住房建设管理委员会陆续发布了一系列 BIM 标准、指南和示范文本。

### 上海市 BIM 技术标准

| 序号 | 发布时间 | 主编单位 | 标准名称、编号 |
|---|---|---|---|
| 1 | 2016 年 4 月 | 华东建筑设计研究院有限公司<br>上海建科工程咨询有限公司 | 《建筑信息模型应用标准》DG/TJ 08—2201—2016 |
| 2 | 2016 年 5 月 | 上海市申通地铁集团有限公司<br>上海市隧道工程轨道交通设计研究院 | 《城市轨道交通建筑信息模型技术标准》DG/TJ 08—2202—2016 |
| 3 | 2016 年 5 月 | 上海市申通地铁集团有限公司<br>上海市隧道工程轨道交通设计研究院 | 《城市轨道交通建筑信息模型交付标准》DG/TJ 08—2203—2016 |
| 4 | 2016 年 5 月 | 上海市城市建设设计研究总院(集团)有限公司 | 《市政道路桥梁建筑信息模型应用标准》DG/TJ 08—2204—2016 |
| 5 | 2016 年 5 月 | 上海市城市建设设计研究总院(集团)有限公司 | 《市政给排水建筑信息模型应用标准》DG/TJ 08—2205—2016 |
| 6 | 2016 年 5 月 | 上海市地下空间设计研究总院有限公司 | 《人防工程设计信息模型交付标准》DG/TJ 08—2206—2016 |

### 上海市 BIM 技术应用指南

| 序号 | 发布时间 | 负责单位 | 指南名称 | 文号 |
|---|---|---|---|---|
| 1 | 2015 年 5 月 | 市住房城乡建设管理委员会 | 《上海市建筑信息模型技术应用指南(2015 版)》 | 沪建管〔2015〕336 号 |
| 2 | 2017 年 6 月 | 市住房城乡建设管理委员会 | 《上海市建筑信息模型技术应用指南(2017 版)》 | 沪建管〔2017〕537 号 |

### 上海市 BIM 技术应用示范文本/条款

| 序号 | 发布时间 | 负责单位 | 名  称 | 文号 |
|---|---|---|---|---|
| 1 | 2015 年 9 月 | 联席会议办公室 | 《上海市建筑信息模型技术应用咨询服务招标示范文本(2015 版)》 | 沪建应联办〔2015〕4 号 |
| 2 | 2015 年 9 月 | 联席会议办公室 | 《上海市建筑信息模型技术应用咨询服务合同示范文本(2015 版)》 | 沪建应联办〔2015〕4 号 |
| 3 | 2017 年 1 月 | 联席会议办公室 | 上海市建设工程设计招标文件编制中涉及建筑信息模型技术应用服务的补充示范条款(2017 版) | 沪建应联办〔2017〕1 号 |

| 序号 | 发布时间 | 负责单位 | 名 称 | 文号 |
|------|----------|----------|-------|------|
| 4 | 2017 年 1 月 | 联席会议办公室 | 上海市建设工程设计合同编制中涉及建筑信息模型技术应用服务的补充示范条款(2017 版) | 沪建应联办〔2017〕1 号 |
| 5 | 2017 年 1 月 | 联席会议办公室 | 上海市建设工程施工招标文件编制中涉及建筑信息模型技术应用服务的补充示范条款(2017 版) | 沪建应联办〔2017〕1 号 |
| 6 | 2017 年 1 月 | 联席会议办公室 | 上海市建设工程施工合同编制中涉及建筑信息模型技术应用服务的补充示范条款(2017 版) | 沪建应联办〔2017〕1 号 |
| 7 | 2017 年 1 月 | 联席会议办公室 | 上海市建设工程监理招标文件编制中涉及建筑信息模型技术应用服务的补充示范条款(2017 版) | 沪建应联办〔2017〕1 号 |
| 8 | 2017 年 1 月 | 联席会议办公室 | 上海市建设工程监理合同编制中涉及建筑信息模型技术应用服务的补充示范条款(2017 版) | 沪建应联办〔2017〕1 号 |

## 3.2 深圳市建筑工务署 BIM 实施标准体系

深圳市建筑工务署在对国家标准、行业标准、地方标准、企业标准研究的基础上,以 CBIMS 理论为指导,从资源、行为、交付三个要素出发,研究建立工务署的 BIM 实施标准体系。结合工务署多项目、多层级、多管理环节、多参建单位等项目实施特点,建立与工务署工程项目建设管理需要相适应的 BIM 实施标准体系。

工务署的 BIM 实施标准体系包含三大类标准:BIM 数据标准、BIM 专业应用管控标准和 BIM 综合管控标准。

BIM 数据标准:主要用于规范工务署 BIM 实施的基础数据,包括 BIM 模型的清单,各种专项应用的 BIM 模型,具体到每个模型的来源、模型创建、模型使用、模型交付、模型深度等方面进行规范。

BIM 专业应用管控标准:该类标准按照工程阶段分为设计和施工两部分,重点从业主管理的角度对设计和施工阶段的主要 BIM 应用点提出管理要求,从实施内容、重点环节、成果交付等方面进行规范,保证 BIM 实施成果能够用于工程项目管理。

BIM 综合管控标准:根据工务署多层级的项目管理特点,该部分标准包含项目级管控标准和处室级管控标准。项目级 BIM 管控标准主要针对项目上的 BIM 实施,从招投标、软硬件、团队、成果等方面进行规范;处室级 BIM 管控标准主要针对项目的合同、进度、质量、安全、验收等方面,保证 BIM 技术能够优化现有处室的管理业务。

深圳市建筑工务署 BIM 实施标准体系

## 3.3　江苏省相关 BIM 政策与标准

《江苏省政府促进建筑业改革发展的意见》(苏政发〔2017〕151 号)明确指出:加快推进建筑信息模型(BIM)技术在规划、勘察、设计、施工和运营维护全过程的集成应用,实现工程建设项目全生命周期数据共享和信息化管理,为项目方案优化和科学决策提供依据,促进建筑业提质增效。制订我省推进 BIM 技术应用指导意见,建立 BIM 技术推广应用长效机制。加快编制 BIM 技术审批、交付、验收、评价等技术标准,完善技术标准体系。制定 BIM 技术服务费用标准,并在 3 年内作为不可竞争费用计入工程总投资和工程造价。选择一批代表性项目进行 BIM 技术应用试点示范,形成可推广的经验和方法。推广数字建造中传感器、物联网、动态监控等关键技术使用,推进数字建造标准和技术体系建设。至 2020 年,全省建筑、市政甲级设计单位以及一级以上施工企业掌握并实施 BIM 技术一体化集成应用,以国有资金投资为主的新立项公共建筑、市政工程集成应用 BIM 的比例达 90%。

笔者参与了江苏省相关 BIM 标准的编制与审查工作,具体如下:

(1)《江苏省民用建筑信息模型设计应用标准》DGJ32/TJ 210—2016

由江苏省勘察设计行业协会与江苏省邮电规划设计院有限责任公司主编,经江苏省住房和城乡建设厅批准于 2016 年 12 月 1 日起实施,标准规范了民用建筑 BIM 设计应用范围,包括模型创建、设计协同、模型应用、设计交付、资源建设等内容,明确了项目各参与方基于 BIM 设计应用进行各专业团队协同工作流程及方法,实现高效的数据共享,确保 BIM 数据交付形式的统一性和内容的可检查性,为后续阶段(施工与监理、运营与维护等阶段)提供必要的基础模型,用于深化完善。

(2)《江苏省人民防空建筑信息模型(BIM)技术指南》

由江苏省人民防空办公室与中国建筑科学研究院有限公司主编,2018 年 12 月开始实施,指南以人防工程 BIM 技术应用为研究对象,以人防工程全生命周期应用为编制导向,涵盖规划、设计、施工、运维等 BIM 技术应用,框架合理、内容翔实、可实施性强。国家、各省(区)市对民用建筑信息模型的技术标准研究很多,但人防工程领域内至今还没有一个省(区)出台相应的集成应用技术标准,江苏走在了全国前列,为全国推广人防工程 BIM 技术集成应用提供探索与借鉴。

(3)江苏省《工程勘察设计数字化交付标准》

由江苏省勘察设计行业协会与中衡设计集团股份有限公司主编,已完成公开征求意见,即将公布,交付标准涵盖工程勘察与设计的各个阶段,范围广大,包含交付基础、交付格式、交付流程、交付内容、交付平台等内容,基于目前工程实践的特点,立足于二维,向三维引导,在充分领会了国标《建筑信息模型设计交付标准》的基础上,对模型单元交付深度的几何表达精度及信息深度进行了拓展,对进一步加强信息化技术在工程勘察设计领域的应用,推进工程勘察设计领域数字化交付进程起到了积极作用。

## 3.4 国内 BIM 收费标准

(1)住建部《建设项目工程总承包费用项目组成》;

(2)中国勘察设计协会《关于建筑设计服务成本要素信息统计分析情况的通报》;

(3)《深圳市工程设计行业 BIM 应用发展指引》;

(4)深圳市《关于福田区政府投资项目加快应用建筑信息模型(BIM)技术的通知》;

(5)上海市《关于本市保障性住房项目实施 BIM 应用以及 BIM 服务定价的最新通知》;

(6)《浙江省建筑信息模型(BIM)技术推广应用费用计价参考依据》;

(7)《广东省建筑信息模型(BIM)技术应用费用计价参考依据》;

(8)《广东省建筑信息模型(BIM)技术应用费用计价参考依据(2019 年修正版)》;

(9)《广西壮族自治区建筑信息模型(BIM)技术应用费用计价参考依据(试行)》;

(10)《湖南省建设项目建筑信息模型(BIM)技术服务计费依据(试行)(征求意见稿)》;

(11)《山西省建筑信息模型(BIM)技术应用服务费用计价参考依据(试行)》。

## 3.5 医院 BIM 相关指南及参考书目

(1)《上海市级医院建筑信息模型应用指南(2017 版)》;

(2)《医院建筑信息模型应用指南(2018 版)》复杂工程管理书系/大纲与指南系列丛书;

（3）《BIM 技术在医院建筑全生命周期中的应用》复杂工程管理书系/医院建设项目管理丛书；

（4）《医院建设项目管理——政府公共工程管理改革与创新》；

（5）《质子治疗中心工程策划、设计与施工管理》医院建设项目管理丛书/复杂工程管理书系；

（6）《绿色医院建筑评价标准》GB/T 51153—2015；

（7）《绿色医院建筑评价标准》实施指南；

（8）《医院建设工程项目管理指南》复杂工程管理书系/大纲与指南系列丛书。

# 4 BIM 标准中模型精细度（LOD）探讨

## 4.1　LOD 的提出

BIM 标准体系是一个庞大繁杂的系统，其中包括对于技术、构件、合同、收益分配、工程量计算等各个方面的标准，模型精细度（level of development，LOD）是一个经常用到的术语。

模型精细度术语的提出，是为了表达不同建筑系统在不同阶段的模型元素特征，实现工程建设项目的各参与方在描述 BIM 模型应当包含的内容以及模型的详细程度时，能够使用共同的语言和相同的等级划分规范。根据 BIM Forum 对于模型精细度的定义："模型精细度（LOD）标准是 AEC（建筑设计、工程、施工）行业从业人员采用的一套参考体系，LOD 使他们能极为清楚地指出和阐明建筑信息模型（BIM）在建筑设计和施工各个阶段的内容及可靠度"。LOD 描述了 BIM 模型构件单元从最低级的近似概念化的程度发展到最高级的演示级精度的步骤。

为了规范 BIM 参与各方及项目各阶段的界限，美国建筑师协会（AIA）于 2008 年发布了首份 BIM 合同文件《AIA E202 建筑信息模型协议增编》，该文件阐述了五个"模型精细度"等级（LOD 100—500），以此界定特定的 BIM 模型所包含的详细信息量。但需要注意，虽然工程阶段有先后，模型精细度等级代号有数字上的大小和递进，但各模型精细度等级之间没有严格一致和包含的关系。

## 4.2　不同国家对 LOD 的认知

世界各国一直以来都对 LOD 标准在 BIM 中的使用高度重视，相继推出了适用于各国的 LOD 标准。

（1）美国：美国对于 LOD 标准的制订情况在上文中已经有所阐述，在此不再赘述。以上述合同文件为起点，美国开始长期探索如何利用 LOD 标准来规范模型数据交换。美国 BIM Forum 已经针对每个精细度模型等级发布了一份详细规范，并且增加了用于监管审查的"许可等级"，并被编入了《美国建筑标准协会部位单价格式 2010 版》（CSI Uniformat 2010）。

（2）英国：英国用 BIM 熟度等级（0、1、2、3 级）来定义 BIM 的应用程度。英国制订了一项名为《使用 BIM 的建设项目资本交付阶段的信息管理规范》PAS1192—2 的标准。这是一份公开规范,它在征询行业及政府机构意见后说明了如何明智可行地实现 2 级 BIM 成熟度,以便进行有效的信息共享。这关乎在项目的关键阶段于客户和供应链之间创建信息交换点。英国 BIM 任务组欧盟及国际关系负责人 Adam Matthews 表示:英国的 PAS1192—2 标准与美国的 LOD 标准在大体目标及任务上相似,但也有所不同。英国的 PAS1192—2 标准的制订由政府主导,而美国的 LOD 标准由建筑、工程、施工企业、分包商的专业人士自发制订。英国的 PAS1192—2 标准可用来评估一个公司对于 BIM 的应用情况;而美国的 LOD 标准强调,该标准专门针对 BIM 模型,不能用于代替每个项目自身的 BIM 执行计划。

(3)中国:住房和城乡建设部在《建筑业发展"十二五"规划》中提及界定项目各阶段交接时的模型精细度。在 2017 年 5 月颁布的《建筑信息模型施工应用标准》GB/T51235—2017 中已引入 LOD 标准,其中规定了总体模型在项目生命周期各阶段应用的信息精度和深度的要求,并在此前沿用的美国 LOD 标准的精度基础之上增加 LOD350 等级,同时规定了各子专业模型的划分、包含的构件分类和内容,以及相应的造价、计划、性能等其他业务信息的要求。

## 4.3 关于 LOD 的定义

模型精细度是全球通行的衡量建筑信息模型完备程度的指标。但如何定义模型精细度,当前并没有共识。Level of Development 简称 LOD,概念起源于美国,由美国建筑师协会(AIA)等组织根据工程阶段特点划分为 LOD100、LOD200、LOD300、LOD400 乃至 LOD500。

LOD100——概念性(conceptual):示以非几何数据或线条、面积、体积区域等。

LOD200——近似几何(approximate geometry):以 3D 显示通用元素,包括其最大尺寸和用途。

LOD300——精确几何(precise geometry):以 3D 表达特定元素,具有确定几何数据的 3D 对象,含其尺寸、容量、连接关系等。

LOD400——加工制造(fabrication):即为加工制造图,用以采购、生产及安装,具有精确性特点。

LOD500——建成竣工(as-built):建筑部件实际成品。

然而由于版权关系,其他国家采用了不同的说法。如英国标准 BS1192 采用了 Level of Definition。《建筑信息模型设计交付标准》GB/T 51301—2018 采用 Level of Model Definition,日常使用时,亦可简称为 LOD。

尽管存在很大的争议,然而鉴于"模型精细度"(LOD)是比较普遍的观念,国标采纳了这个说法,这样更有利于顺畅地理解建筑信息模型的发展程度。但为了规避版权风险,《交付标准》将 LOD 等级命名为 LOD1.0、LOD2.0、LOD3.0 和 LOD4.0。

## 4.4 《交付标准》中的 LOD

《建筑信息模型设计交付标准》中这样定义 LOD:

2.0.11 模型精细度(level of model definition):建筑信息模型中所容纳的模型单元

丰富程度的衡量指标。

2.0.12 几何表达精度(level of geometric detial):模型单元在视觉呈现时,几何表达真实性和精确性的衡量指标。

2.0.13 信息深度(level of information detail):模型单元承载属性信息详细程度的衡量指标。

考虑到多种交付情况,模型单元划分为四个级别。项目级模型单元可描述项目整体和局部;功能级模型单元由多种构配件或产品组成,可描述诸如手术室、整体卫浴等具备完整功能的建筑模块或空间;构件级模型单元可描述墙体、梁、电梯、配电柜等单一的构配件或产品。多个相同构件级模型单元也可成组设置,但仍然属于构件级模型单元;零件级模型单元可描述钢筋、螺钉、电梯导轨、设备接口等不独立承担使用功能的零件或组件。模型单元会随着工程的发展逐渐趋于细微。模型单元可具有嵌套关系。低级别的模型单元可组合成高级别模型单元。

模型单元的视觉呈现水平,由几何表达精度 Gx 衡量,其体现了模型单元与物理实体的真实逼近程度。例如一台设备,既可以表达为一个简单的几何形体,甚至一个符号,也可以表达得非常真实,描述出细微的形状变化。《交付标准》规定的四个级别,与工程阶段顺序没有一一对应关系。而是由根据不同类型的项目应用需求,采纳不同等级的几何表达精度。例如方案设计阶段,需要对设计理念进行描述时,可能需要 G4 精度,来更加真实地演示设计效果。而在初步设计和施工图设计中,往往会采用 G3 精度。

在满足应用需求的前提下,采用较低的 Gx,包括几何描述在内的更多描述,以信息或者属性的形式表达出来,避免过度建模情况的发生,也有利于控制 BIM 模型文件的大小,提高运算效率。

信息是模型单元最重要的特征,信息深度等级简称 Nx。信息深度会随着工程阶段的发展而逐步深入。信息深度等级的划分,体现了工程参与方对信息丰富程度的一种基本共同观念。信息深度等级体现了 BIM 的核心能力。对于单个项目,随着工程的进展,所需的信息会越来越丰富。宜根据每一项应用需求,为所涉及的模型单元选取相应的信息深度(Nx)。信息深度与几何表达精度配合使用,以便充分且必要地描述每一个模型单元。

将模型精细度分为 LOD1.0—LOD4.0,细分几何表达精度 G1—G4,信息深度 N1—N4,有利于在 BIM 实际应用中灵活组合,合理实施。而模型单元属性信息表的设置可以使 BIM 中大量的非几何信息有效地向下游传递。

# ⑤ BIM 标准思考与展望

随着 BIM 技术的快速普及和发展,BIM 标准也纷纷编制出台,在较短的时间内,国家、地方和行业部门已经发布了几十个 BIM 标准,这些 BIM 标准在实施过程中所遇到的问题值得我们研究与思考,从而改进完善 BIM 标准体系。

## 5.1　BIM 标准的适用性

当初为了解决 CAD 制图的规范性,我国编制了一批 CAD 制图标准,比如 GB/T 18229—2000《CAD 工程制图规则》、GB/T 18112—2000《房屋建筑 CAD 制图统一规则》

等,对 CAD 的图纸样式、图层命名等进行了规定。然而时至今日,使用 CAD 画图的工程技术人员并不了解这些制图标准的细节,制图规则被二次开发的 CAD 软件所实现。

今天的 BIM 尽管是一个交叉学科,需要既懂软件又懂工程的跨学科人才进行 BIM 技术的研究,但是 BIM 标准的使用者还是来自不同的行业。无论是美国国家标准还是 CBIMS 标准框架,都明确把 BIM 标准划分为面向软件行业的技术标准和面向工程行业的实施标准,在编制标准时应充分考虑标准使用者的行业背景。对于工程建设人员会把精力放在《交付标准》和《施工应用标准》上,而不会对《分类和编码标准》的细节做深入了解。

## 5.2 BIM 标准的技术性

尽管国家正在加快工程建设行业的信息化进程,强调标准编制的重要性,但是 BIM 技术本身还处在一个相对不成熟的环境中,BIM 理论和实施策略充满不确定性,技术进展的细节不可精确预测,基于 BIM 的工程管理尚未达到。现阶段我国编制的 BIM 标准更多是参考国外的标准,缺少实践的检验。理论上标准应当是实践经验的总结和提升,但是 BIM 正处在一个快速发展期,新技术新趋势层出不穷。BIM 技术的新发展对 BIM 标准的编制提出了极大的挑战。

## 5.3 BIM 标准的版权问题

BIM 的概念最早是由美国提出的,是自由市场的自发行为,BIM 没有上升为国家战略,美国的 BIM 标准多由建筑、工程、施工企业、分包商及软件厂商的专业人士自发制订,美国 BIM 国家标准、行业标准不成体系,更多的是企业标准,这里面就存在有版权风险,在编制 BIM 标准的过程中要引起高度重视。从我国国家 BIM 标准的制定过程来看,《施工应用标准》还是沿用了美国的 LOD 标准,但最新发布的《交付标准》及《制图标准》已经放弃了美国标准转而采用 ISO 国际标准(多为英国 BIM 标准),模型精细度 LOD1.0—LOD4.0、几何表达精度 G1—G4、信息深度 N1—N4 都是全新的表述。

## 5.4 BIM 标准的层次性

根据《中华人民共和国标准化法》,我国的现行标准分为四级:国家标准、行业标准、地方标准、企业标准。在国家 BIM 标准还未发布之前,一些省(区)市的地方 BIM 标准先于国家标准已经发布,因此需要考虑与国家标准的统一性和从属关系,比如分类和编码标准,一些已经发布的行业标准和地方标准中的编码规则需要考虑国家标准,与国家标准保持一致。在 BIM 标准体系中应包含多个层次,由上至下,由国家标准到地方标准和行业标准,再到企业标准,分层级实施,BIM 标准的落地最终是由企业标准承担。企业标准在制定时应把国家、地方、行业标准作为原则,并结合企业实际情况进行深化。

BIM 作为一项新技术,在实施过程中难免会与现有的专业技术标准产生矛盾,原则上 BIM 标准的编制应当尽量与现有的技术标准兼容,同时对于严重阻碍新技术发展的技术标准也应进行修编或补充。

# ⑥　结　语

Building Information Model——建筑信息模型

Building Information Modeling——建筑信息建模

Building Information Management——建筑信息管理

Building Information Mobility——建筑信息移动

Building Inteligence Management——建筑智能化管理

Business Income Money……

BIM 的内涵与外延也在不断变化,需要依托 BIM 标准体系来规范 BIM 实际应用,让结构化的数据在建筑的全生命周期中得到有效传递!

BIM 技术的发展和价值的实现离不开 BIM 标准的支撑,建议我国 BIM 标准的编制正确面对现有标准存在的一些问题,充分考虑 BIM 标准的适用性、技术性、层次性和兼容性,贴近 BIM 实践,逐步改进完善,发展出符合我国工程行业特点的 BIM 标准体系。

## 参考文献

[1] https://www. iso. org/standard/68078. html.

[2] https://www. nationalbimstandard. org/.

[3] https://www. wbdg. org/.

[4] https://www. gsa. gov/real-estate/design-construction/3d4d-building-information-modeling.

[5] https://bim-level2. org/en/standards/.

[6] https://aecuk. wordpress. com/about/.

[7] https://www. byak. de/planen-und-bauen/architektur-technik/building-information-modelling-bim/ bim-und-normung. html.

[8] https://www. standards. org. au/news/australia-adopts-international-standard-for-bim-data-sharing.

[9]《建筑信息模型应用统一标准》GB/T 51212 - 2016.

[10]《建筑信息模型施工应用标准》GB/T 51235 - 2017.

[11]《建筑信息模型设计交付标准》GB/T 51301 - 2018.

[12]《建筑工程设计信息模型制图标准》JGJ/T448 - 2018.

[13] 李云贵,何关培,李海江,等. 中美英 BIM 标准与技术政策[M].北京:中国建筑工业出版社,2018.

[14] 潘婷,汪霄. 国内外 BIM 标准研究综述[J].工程管理学报,2017,1(2):1 - 5.

[15] 李奥蕾,秦旋. 国内外 BIM 标准发展研究[J].工程建设标准化,2017,(6):48 - 54.

[16] 武鹏飞,谭毅,李坤碧,等. 深圳市建筑工务署 BIM 实施标准体系研究与建立[J].广东土木与建筑, 2018,25(11):78 - 82.

[17] 高崧,李卫东.建筑信息模型标准在我国的发展现状及思考[J].工业建筑,2018,(2):1 - 7.

(黄文胜)